# Erfolgreiche Bewerbungsbriefe und Bewerbungsformen

Wolfgang Manekeller · Ulrich Schoenwald

# Erfolgreiche Bewerbungsbriefe und Bewerbungsformen

Völlig überarbeitete Auflage

FALKEN

Weitere Muster für alle Arten von Briefen finden Sie in dem Buch »Moderne Korrespondenz« (Nr. 4014) von H. Kirst und W. Manekeller, erschienen im selben Verlag. Siehe auch die Anzeige Seite 88.

Alle Namen und persönlichen Angaben im Text sind frei erfunden.

ISBN 3 8068 0138 X


Umschlaggestaltung: Zembsch' Werkstatt, München
Titelbild: Archiv

Gesamtherstellung: Ebner Ulm

08013868X645 444 3

# Inhalt

# Es lohnt sich

Wenn sich die Wirtschaft in einem Aufschwung befindet oder auf einer »Hochebene« arbeitet, gibt es für jeden, der tüchtig ist, viele Möglichkeiten vorwärtszukommen. Qualifizierte Arbeitskräfte sind in solcher Situation gesucht.

Und wenn es mit einer Wirtschaft bergab geht, wenn sie ein »Tal« durchschreitet? Dann wird der Tüchtige am ehesten seine Stellung halten oder, wenn er sie verliert, eine neue finden können.

In beiden Fällen aber genügt es nicht, daß man in seinem erlernten Fach tüchtig ist. Wer es nicht versteht, seine Ware – das ist seine Leistung – ansprechend anzubieten, wird kaum je erreichen, was er aufgrund seiner Fähigkeiten erreichen könnte.

Die eigene Leistung anbieten: wie macht man das? In der Regel durch eine Bewerbung. Der Ausdruck »Bewerbung« sagt schon, daß diese Tätigkeit etwas mit Werbung zu tun hat. Es ist ein Spezialgebiet der Werbung. Besonders wichtig ist hier wie dort, daß man »verkaufspsychologisch« richtig vorgeht. Weniger aufwendig gesagt: daß man genug Einfühlungsvermögen hat, den passenden Ton zu treffen.

Dieses Buch soll Ihnen helfen, sich erfolgreich zu bewerben und die Konkurrenz mit den Mitbewerbern zu bestehen. Viele Beispiele mit Erläuterungen werden Ihnen zeigen, worauf es ankommt – wo die Fehlerquellen, wo die Chancen liegen. Das nimmt Ihnen die eigene Bemühung allerdings nicht ab. Es wäre gefährlich, wollten Sie einfach irgendwelche Bewerbungsbriefe, die Sie hier finden, wörtlich übernehmen. Jeder Fall ist etwas anders. Betrachten Sie die Muster dieses Buches deshalb nicht als Abschreibvorlagen, sondern als Gedanken- und Formulierungsstützen. Je besser Sie das Wesentliche erfassen, desto besser wird auch Ihre eigene Bewerbung ausfallen.

Und noch eins: Gehen Sie mit Freude an die Aufgabe heran. Denken Sie nicht, Bewerbungen zu schreiben, das sei ein notwendiges Übel. Erstens lernen Sie bei dieser Arbeit eine ganze Menge dazu, was sich auch anderweitig verwenden läßt. Und zweitens: Ist es nicht eine Art Abenteuer, spannend wie Goldsuche? Seien Sie sicher – es lohnt sich.

Die Verfasser

## Auf Stellensuche

Es gibt mehrere Wege, eine Arbeitsstelle zu finden:

1. Sie warten, bis Ihnen zufällig jemand etwas von einer freien Stelle erzählt.
2. Sie bewerben sich auf gut Glück bei Firmen, von denen Sie Gutes gehört haben oder bei denen Sie in Ihrem Beruf eine Chance sehen.
3. Sie erkundigen sich beim Arbeitsamt nach freien Stellen.
4. Sie wenden sich an die
   Zentralstelle für Arbeitsvermittlung
   Feuerbachstraße 42–46
   6000 Frankfurt 1
5. Sie lesen aufmerksam den Stellenmarkt der Tageszeitungen und der Fachzeitschriften.

Zu 1: Mit dieser Methode kann man Glück haben, aber auf dieses Glück zu warten, das kann viel Zeit und Geld kosten.
Zu 2: Dieses Verfahren ist gar nicht so übel, wie es manchen auf den ersten Blick vielleicht erscheint. Zumindest zeigt die unaufgeforderte Bewerbung dem Unternehmen, daß der Bewerber die Initiative ergreift und Ideen entwickelt. Und das kann schon der erste wichtige Pluspunkt sein.
Zu 3 und 4: An das Arbeitsamt kann und sollte sich jeder wenden, der eine Stelle sucht oder Fragen im Zusammenhang mit dem Beruf hat. Die Arbeitsberater und Arbeitsvermittler helfen Arbeitnehmern bei der Suche und bei der Wahl eines Arbeitsplatzes. Sie geben zusätzlich Auskunft über den Arbeitsmarkt, über die Entwicklung in den Berufen und damit verbunden über die Beschäftigungsaussichten, berufliche Fortbildung und Umschulung, über finanzielle Förderungsmöglichkeiten und über die berufliche Eingliederung Behinderter.
In den meisten Arbeitsämtern kann man sich selbst einen Überblick über die dort gemeldeten Stellen verschaffen: in den Warteräumen sind Mikrofilm-Lesegeräte aufgestellt. Auch Vermittlungen in Auslandstätigkeiten sind – über die Zentralstelle für Arbeitsvermittlung – möglich.
Zu 5: Der Stellenmarkt in den Tageszeitschriften und in den Fachzeitschriften ist der größte Arbeitsplatzvermittler überhaupt. Die meisten Stellensuchenden finden ihren nächsten Arbeitsplatz über Zeitungen und Zeitschriften. Wir werden uns deshalb ausführlich mit diesem Weg der Stellensuche beschäftigen.

## Arbeitslos – was kann man tun?

Ob die Arbeitslosigkeit droht oder ob man die Kündigung schon hat, der erste und wichtigste Schritt ist die Sicherung des Lebensunterhaltes. Denn wer trotz aller Bemühungen und bester Bewerbungen nicht sofort eine neue Arbeit findet, kann in ernste Probleme kommen, wenn er die Möglichkeiten, die der Staat bietet, nicht nutzt.
Arbeitslosengeld oder Arbeitslosenhilfe kann nur bekommen,

- wer sich beim Arbeitsamt arbeitslos gemeldet hat
- und wer der Arbeitsvermittlung zur Verfügung steht, das heißt, wer jederzeit bereit ist, eine angebotene zumutbare Stelle anzutreten.

Die Arbeitslosmeldung muß spätestens am ersten Tag der Arbeitslosigkeit, am besten aber schon bei der Kündigung (bei Auszubildenden, die nicht übernommen werden, vor Ende der Ausbildungszeit) erfolgen. Dazu muß man persönlich beim Arbeitsamt vorsprechen. Der Antrag wird bei der Arbeitslosmeldung zusammen mit den erforderlichen Arbeitsbescheinigungen ausgehändigt. Wenn man ihn ausgefüllt abgibt, sollten mitgebracht werden: Personalausweis, Arbeitsbescheinigungen, Lohnsteuerkarte, Versicherungsnachweis der gesetzlichen Rentenversicherung und das Kündigungsschreiben des Arbeitgebers. Schieben Sie auf keinen Fall den Gang zum Arbeitsamt auf, weil Sie noch nicht alle Unterlagen zusammen haben. Die Papiere können Sie auch nachreichen.
Die Wege auf Seite 8, einen neuen Arbeitsplatz zu finden, gelten selbstverständlich auch bei Arbeitslosigkeit. Hier kommt aber gerade dem Freundes- und Bekanntenkreis eine besondere Bedeutung zu: viele Arbeitslose ziehen sich von ihrem Bekanntenkreis zurück, aber gerade dann, wenn Sie eine neue Stelle suchen, ist jeder Tip, jeder Kontakt und jede Empfehlung wichtig.
Auch das Arbeitsamt kann eine Menge für Sie tun: in der »halboffenen Vermittlung« können Sie in allen Arbeitsämtern selbst feststellen, welche Arbeitsplätze angeboten werden. Namen und Anschriften der Arbeitgeber nennt Ihnen Ihr Arbeitsvermittler. Bei der computerunterstützten Arbeitsvermittlung, die nach und nach in allen Arbeitsämtern eingeführt wird, bietet man Ihnen auch passende Arbeitsplätze außerhalb des Bereiches Ihres Arbeitsamtes an. Für qualifizierte Berufe arbeitet dieses System bereits mit Erfolg in der ganzen Bundesrepublik.
Unter dem Stichwort »Chancen nutzen! Gewußt wie!« bieten die Arbeitsämter in Kursen umfassende Informationen für Arbeitslose. Diese Kurse sollen Ihnen helfen, Ihre Chancen für einen neuen Arbeitsplatz zu verbessern. Denn mit Optimismus allein – so wichtig er ist – hat noch niemand eine neue Arbeitsstelle gefunden. Nutzen Sie die Erfahrungen der Leute, die täglich mit dem Arbeitsmarkt zu tun haben und deren Aufgabe es ist, ihre Kenntnisse und Kontakte an Sie weiterzugeben.

In den Kursen haben Sie Gelegenheit,

- andere Berufe kennenzulernen
- sich über die Lage auf dem Arbeitsmarkt zu informieren,
- sich über Ihre persönlichen Chancen im Beruf klar zu werden,
- mehr über die Förderungsmöglichkeiten des Arbeitsamtes zu erfahren und
- sich über das umfangreiche Angebot an beruflichen Fortbildungsmöglichkeiten zu informieren.

## Die eigene Stellenanzeige

Wer selbst eine Stellenanzeige aufgibt, also seine Leistung als Arbeitnehmer anbietet, muß schon einiges Nachdenken darauf verwenden, wenn er Erfolg haben will. Denn – vergessen wir es nicht – sein Angebot steht inmitten vieler anderer Angebote.

Wenn Sie diesen Weg gehen wollen, berücksichtigen Sie bitte zweierlei:

1. Der Text Ihres Angebotes muß kurz sein. Jede Zeile kostet Ihr Geld.
2. Der Text muß sich vorteilhaft von den Texten der Umgebung abheben. Was übersehen wird, kann zu nichts führen.

Zu 1: Fragen Sie sich zunächst, welche Anzeigengröße der Stelle, die Sie suchen, angemessen ist. Schon bei Auswahl der Größe kann man nämlich Fehler begehen.

Fehler a): Sie wählen die Anzeigenfläche zu klein. Die Anzeige wird von vielen gar nicht erst entdeckt. Und wer sie entdeckt, kommt leicht auf den Gedanken: Der scheint ja von seinem Können nicht gerade überzeugt zu sein.

Fehler b): Sie wählen die Anzeigenfläche zu groß. Sie geben also mehr Geld aus, als nötig ist. Und außerdem erwecken Sie vielleicht den Eindruck, ein Angeber zu sein. Diese Fehler können Sie jedoch auf einfache Weise vermeiden. Sehen Sie sich die Anzeigen Ihrer Konkurrenten an, und wählen Sie dann ein gutes Mittelmaß. Doch nun zum Text!

**Junge Dame**

23 Jahre, gewandtes Auftreten, mit englischem und französischem Diplom (im Ausland erworben) und abgeschlossener zweijähriger Handelsschule, sucht zu sofort passenden Wirkungskreis. Angebote unter . . .

*falsch*

Ein paar Zeilen, und doch: wie viele Fehler! Es beginnt bei der Überschrift: In erster Linie sucht niemand eine junge Dame, sondern jemanden, der bestimmte Arbeiten ausführen kann, jemanden mit bestimmter Berufsausbildung.

Die »junge Dame« wird dann durch die Altersangabe »23 Jahre« wiederholt. Die dritte Angabe, »gewandtes Auftreten«, sagt dem Leser immer noch nicht, was die Inserentin kann.
Dann kommt's endlich: »mit englischem und französischem Diplom (im Ausland erworben) und abgeschlossener zweijähriger Handelsschule«. Es kommt, aber wie! Was für ein Diplom hat die Dame: Korrespondentendiplom? Übersetzerdiplom? Dolmetscherdiplom? Und was ist das, eine zweijährige abgeschlossene Handelsschule? Da stimmt doch in der Logik wohl etwas nicht.
Weiter heißt es »sucht zu sofort«. Eine sprachlich unglückliche, kostspielige Zeitbezeichnung.
Und was sucht sie? Einen »passenden Wirkungskreis«. Soll der Leser doch selbst überlegen, was in diesem Fall paßt!
Der Schluß, »Angebote unter ...«, klingt eher wurstig oder patzig als ansprechend.
Wie hätte unsere junge Dame besser schreiben sollen? Zum Beispiel so:

**Fremdsprachenkorrespondentin – Sekretärin**
Diplom für Englisch und Französisch, Auslandserfahrung, 2jähriger Handelsschulbesuch, mit allen Büroarbeiten vertraut, 23 Jahre, bietet überdurchschnittliche Leistung. Sofort frei. Bitte schreiben Sie an ...

*richtig*

Hier ist das Wesentliche an der richtigen Stelle betont. Und noch etwas Entscheidendes: der Schluß! Diese gescheite junge Dame sucht nicht, sondern sie bietet etwas. Und dann verlangt sie nicht »Angebote unter ...«, sondern sagt »Bitte schreiben Sie an ...«. Der Ton macht die Musik, selbst in einem so kurzen Text.
Noch etwas Allgemeingültiges: Abkürzungen sind in solchen Anzeigen erlaubt: jeder weiß, daß längere Texte mehr Geld kosten. Dennoch, Texte ohne Abkürzungen oder mit ganz wenigen Abkürzungen wirken besser. Wenn Sie genau überlegen, worauf es eigentlich ankommt, können Sie gewöhnlich manches Wort sparen und dafür die Wörter, die Sie bringen – es sind ja die entscheidenden –, ungekürzt hinstellen.

**Wer bietet gewandter Sekretärin**
(35 Jahre) mit umfassenden Kenntnissen in allen Sekretariatsarbeiten und Auslandserfahrung interessantes Aufgabengebiet, das sie sich durch verantwortungsbewußtes, selbständiges Arbeiten zur Lebensaufgabe gestalten kann?
Angebote erbeten unter ...

*falsch*

»Wer bietet ...« ist ein schlechter Anfang. Besser wäre »SEKRETÄRIN MIT AUSLANDSERFAHRUNG in England ...«. Es sind genaue Angaben über das berufliche Können zu machen. »Umfassende Kenntnise« besagt nichts.

**Eine große Dame ...**
werden Sie sich als Sekretärin nicht wünschen. Ich bin es auch nicht, aber ich habe gepflegte Umgangsformen und Verhandlungsgeschick.
Ich schreibe perfekt Steno und Schreibmaschine, habe 5jährige Berufserfahrung und bin an selbständiges Arbeiten gewöhnt.
Welcher Chef braucht eine Kraft, die ihn wirklich entlastet? Bitte schreiben Sie an ...

*richtig*

Man muß nicht immer den Beruf als Überschrift wählen, wie diese Anzeige zeigt. Doch sind solche Stellengesuche gewagt. Es gehört viel Fingerspitzengefühl, Geschmack und Sprachgewandtheit dazu. Hier ist die Überschrift so zugkräftig, daß die Anzeige gelesen wird.

**Dame**
(Mitte 40) mit guter Allgemeinbildung, Interesse und Erfahrung auf den Gebieten Literatur und Musik, Buchführung (Schreibmaschine und Steno), Sprachkenntnisse in Englisch und Französisch, in ungekünd. Stellung, sucht in Essen passenden Wirkungskreis. Bisherige Tätigkeit: Arztsekretärin, Privatsekretärin, mehrjährige Leitung eines größeren Gästehauses.
Angebote unter ...

*falsch*

Das Wort »Dame« besagt in einem Stellengesuch wenig. »Gute Allgemeinbildung, Interesse ... Literatur und Musik« passen in ein Heirats-, aber nicht in ein Stellengesuch. Es müssen genaue Angaben über diejenigen Kenntnisse gebracht werden, die den Leser veranlassen können, die Bewerberin zu bevorzugen.

**Wem fehlt**
tüchtige Kraft im Haush.? Jg., geb. Mdchen (24), aus gt. Hs., staatl. gepr. Säugl.- Kinderschwester u. perf. im Haush., mit einjähr. Kind. Antritt sofort oder später. Gfl. Ang. unter ...

*falsch*

**Stenotypistin**
2 J. Lehre, 3 J. Praxis, 180 Silben, 350 Anschläge, sucht Stellung in Industriebetrieb.
Bitte schreiben Sie an ...

*richtig*

»Wem fehlt« ist eine schlechte Überschrift, weil der Blick des Lesenden darüber hinweggleitet. Es müßte heißen: »SÄUGLINGS- UND KINDER-SCHWESTER, staatl. geprüft . . .«. Und die vielen Abkürzungen machen die Anzeige zum Rätselspiel. Das Stellengesuch der Stenotypistin ist trotz der Kürze gut, weil alle erforderlichen Kenntnisse genau angegeben sind.

**RA. u. Not. Bür. Vorst.**
51 J., 1. Kr., ungek., sucht gr. Wirkungskreis, auch Ind., Vers. oder Bank. Angebote unter . . .

*falsch*

**Bürovorsteherin**
eines Patentanwalts möchte sich verändern, auch als Chefsekretärin. Gewandt, zuverlässig, gute Erscheinung. Gut in Englisch und Französisch, Steno und Maschinenschreiben. Führerschein. Bitte schreiben Sie an . . .

*richtig*

Abkürzungen, wir sprachen schon davon, sind nur dann zu gebrauchen, wenn sie beim Deuten keine Rätsel aufgeben. Die Anzeige der Bürovorsteherin ist einwandfrei, doch hätte das Alter genannt werden müssen.

**Aus Leidenschaft Autos verkaufen**
Wo wird ein Verkäufer gesucht, der nicht nur gründliche Fachkenntnisse nachweisen kann, sondern auch überzeugend auftritt und Verkaufstalent hat? Ich möchte mich mit besten Zeugnissen und Referenzen bei einer Firma bewerben, die einen Mann mit Lust und Liebe zu seinem Beruf sucht. Angebote erbitte ich unter . . .

*richtig*

Hier fehlen zwar genaue Angaben über die Person, den beruflichen Werdegang und die erworbenen Kenntnisse, trotzdem überzeugt die Anzeige. Man glaubt dem Bewerber sein Verkaufstalent, weil er vorbildlich für sich geworben hat.

**Für welchen Kraftfahrzeugbetrieb kann ich meine Arbeitskraft einsetzen?**
Ich bin 28 Jahre alt, habe eine abgeschlossene kaufmännische Ausbildung in der Opel-Organisation und Universitätsstudium bis zum Dr. oec. publ. Angebote erbeten unter . . .

*falsch*

Fragen sind wenig empfehlenswert. Besser wäre hier: »KRAFTFAHRZEUG-KAUFMANN, Dr. OEC. PUBL. (28) mit abgeschlossener . . .« Vergleichen Sie bitte die beiden letzten Inserate miteinander. Das erste ist unter werbepsychologischem, das zweite unter fachlichem Gesichtspunkt entworfen.

**Weil ich heute mit mir unzufrieden bin,**
suche ich eine entwicklungsfähige Position in der Fertigung oder Betriebsleitung. Ich bin Maschinenbauingenieur, Mitte 20 und komme aus dem Werkzeugmaschinenbau.
Bitte schreiben Sie mir unter ...

*falsch*

Diese Überschrift ist abstoßend, sachlich unzutreffend und fällt unangenehm auf. Altersangabe ist genau zu bringen, also nicht »Mitte 20«, sondern »26 Jahre alt« oder kurz »26«.

**WELCHE BAUUNTERNEHMUNG**
sucht jungen, strebsamen, ledigen
**BAUINGENIEUR**
der zu seiner Unkenntnis dazulernen will?
Angebote erbeten unter ...

*falsch*

Man sieht es auf den ersten Blick: Die vielen Schriftarten machen die Anzeige unruhig.
Der sprachlich völlig verunglückte Nebensatz »... der zu seiner Unkenntnis dazulernen will« besagt, daß der Stellensuchende zu der schon vorhandenen noch weitere Unkenntnisse hinzulernen will. Mangelnde Berufserfahrung kann besser ausgedrückt werden:
»... der tatkräftig und gewandt ist, aber noch keine Berufserfahrung hat«,
»... möchte nach erfolgreichem TH-Studium praktische Erfahrungen sammeln« oder am besten:
»Junger Bauingenieur sucht Anfangsstellung.«

**Maschinenbau**
Dipl.-Ing. sucht Tätigkeit. Angebote ...

*brauchbar*

**Innenarchitekt**
Tischlermeister, 26 J., 5 Semester Fachschule Flensburg, Refa-Kenntnisse, Führerschein III, sucht Anfangsstellung zum 1. 9. oder später. Bitte schreiben Sie an ...

*richtig*

Die kleine, wenig kostende Anzeige ist als ein zusätzlicher Versuch gedacht, eine Stelle zu erhalten. Das Alter hätte jedoch angegeben werden müssen, damit der Leser daraus schließen kann, ob langjährige praktische Erfahrungen gesammelt worden sind oder nicht. Das Inserat des Innenarchitekten ist gut, weil es einen Extrakt der wichtigsten Berufskenntnisse enthält.

**Bin ich der rechte Mann für Sie?**
**Sind Sie die rechte Firma für mich?**
Kaufm. Angestellter, 28 Jahre, ungekündigte Stellung, sucht passenden Wirkungskreis. Ang. u. . . .

*falsch*

**Nachwuchskaufmann**
24 J., Erdöllehre, 3 J. Export, 2 J. Ausland, fließ. Engl. u. Span., erb. Angebote unter . . .

*richtig*

Ein Unternehmen kann erst wissen, ob ein Stellensuchender der rechte Mann für eine bestimmte Stelle ist, wenn es seine Fachkenntnisse und Berufserfahrungen kennt. »Kaufmännischer Angestellter« ist ein so unbestimmter Begriff, daß es alles und nichts bedeuten kann.
Die Anzeige des Nachwuchskaufmannes ist sehr kurz, aber inhaltlich ausführlich gehalten.

**Wer gibt mir eine Chance?**
Dipl.-Kfm., 27 J., Raum Frankfurt, sucht neuen Wirkungskreis in Bank oder Wirtschaft. Ich biete: abgeschl. Banklehre, Studium und Praxis sowie große Einsatzfreudigkeit, Organisationstal. u. Verantwortungsbewußtsein. Ich wünsche: ein selbst. Arbeitsgebiet, in dem ich meine Fähigkeiten unter Beweis stellen kann. Zuschr. u. . . .

*falsch*

**Bankkaufmann**
29 J., Abitur, 10jähr. Praxis im Kredit-, Effekten- und Außenhandelsgeschäft bei Regional- u. Privatbank, sucht neuen Wirkungsbereich in Bank oder Industrie. Raum Frankfurt bevorzugt. Bitte schreiben Sie an . . .

*richtig*

Die Erfahrung lehrt, daß oftmals die großen Stellenanzeigen erfolglos sind. Das liegt nicht an der Größe selbst, sondern daran, daß der Stellensuchende zu nichtssagender Breite verleitet worden ist. Die Frage »Wer gibt mir eine Chance?« ist überflüssig, erweckt nur Abneigung. Bitte vergleichen Sie diese beiden Anzeigen!

**Wo fehlt verantwortungsbewußte leitende Kraft?**
Vielseitig gebildeter Kaufmann (human. Gymnasium, Jura), 40 J., gute Erscheinung, verhandlungsgewandt, fähiger Organisator, sucht entsprechende Position. Beste Ref. Angebote unter ...

*falsch*

»Vielseitig gebildeter Kaufmann« sagt nichts. Ebenso die angegebenen Fähigkeiten »verantwortungsbewußt, verhandlungsgewandt« usw. Die einzigen genauen Angaben sind hier Alter und Schulbildung. Ein 40jähriger Kaufmann sollte jedoch andere Erfolge nachweisen können als den Besuch eines humanistischen Gymnasiums und ein juristisches Studium, das außerdem offenbar nicht abgeschlossen ist.

**Suche passenden Wirkungskreis**
in Niederlassung eines größeren Industriebetriebes für Frankreich und die französisch-sprechenden Gebiete für 1986 oder früher.
Bin 43 Jahre, seit 1945 in Frankreich – Abitur – kfm. Ausbildung – mehrjährige Tätigkeit in Werbeabteilung eines Großbetriebes – z. Z. als Angestellter mit verantwortlichen Aufgaben betraut. Englisch und Französisch in Wort und Schrift. Zuschriften erb. unter ...

*falsch*

Eine nichtssagende Überschrift. Hervorzuheben wären hier die Auslandserfahrungen und Sprachkenntnisse.

**SÜDAFRIKA**
Für Gründung oder Erweiterung einer Niederlassung oder ähnliche Aufgabe in der Südafrik. Union möchte erfahrener EXPORTKAUFMANN, Volkswirt, 36, z. Z. in der BRD, tätig werden. Beste Kenntnisse und Beziehungen zur südafrikanischen Wirtschaft und zu Behörden. Bitte schreiben Sie an ...

*richtig*

Eine gute Anzeige! Wer auf einem bestimmten Fachgebiet überdurchschnittliche Kenntnisse aufweisen kann wie dieser Volkswirt seine kaufmännische Auslandserfahrung in Südafrika, darf andere Einzelheiten vernachlässigen. Daher genügen hier knappe Angaben über den beruflichen Werdegang.

**Ich biete Ihnen**
Tatkraft und Besonnenheit, Ideen und innere Ruhe, Verkaufsgeschick und Organisationstalent, Eignung zur Menschenführung, zur Improvisation und Koordination.
Bedenken Sie bitte, daß ich typischer Intellektueller bin, der nur dort wirken kann, wo wirkliche Aufgaben geboten werden. Kontaktaufnahme über ...

*falsch*

Allgemeine Redensarten, wie »Tatkraft und Besonnenheit«, geben keinerlei Aufschluß über tatsächlich vorhandene Fähigkeiten. Dieser Anzeige ist nur zu entnehmen, daß jemand eine Stelle sucht, weiter nichts. Was kann ein Unternehmen mit einem Stellensuchenden anfangen, von dem weder Beruf, schulische und fachliche Ausbildung, Kenntnisse, Fähigkeiten noch persönliche Angaben, wie z. B. Alter, Wohnsitz, Einsatzraum, bekannt sind?

**Junger Werbeassistent**
wendig, ideenreich und originell, sucht verantworliche und interessante Mitarbeit in Werbeagentur oder Industriewerbeabteilung. Kenntnisse und Fähigkeiten:
Planung und Organisation
Prospekt, Anzeige, Katalog, Werbebrief
in Gestaltung und Text
Drucküberwachung
guter Kontakter, verhandlungsgewandt, dreisprachig.
Angebote mit Gehaltsvorschlag unter ...

*brauchbar*

Ein gutes Gebrauchsinserat, wie es oft Erfolg hat. Altersangabe empfiehlt sich jedoch immer. Ausdrücke wie »dreisprachig« sind zu vermeiden. Besser wäre es gewesen, die Sprachen und den Grad ihrer Beherrschung anzugeben.
Eine Stellenanzeige ist immer mit möglichst genauen Angaben über die Ausbildung, über Berufserfahrungen und besondere Fähigkeiten auszustatten. Auf ein Inserat kann ein Betrieb nur dann eingehen, wenn er weiß, der Bewerber paßt mit seinem beruflichen Können in eine gerade freigewordene Stellung hinein.
Nur in Ausnahmefällen kann, wie das folgende Beispiel lehrt, auf persönliche Angaben verzichtet werden.

**Es wäre zwecklos,**
von mir zu verlangen, daß ich Ihnen Plakate entwerfe oder Inseratenstarts ausbrüte.

**Denn ich kann nichts anderes**
als Texte schreiben, von denen meine Auftraggeber behaupten, besser könne man sie nicht machen. Und diese kühl rechnenden Geschäftsleute sagen das nicht, weil sie Sprachästheten sind. Sondern? Weil meine Texte ihre Ladenkasse klingeln lassen. Manchmal wundere ich mich selbst, denn meine Werbetextarbeit hält nun schon zwölf Jahre an, und meine Begeisterung dafür wächst immer noch. Ob ich saure Gurken oder Inserate verkaufe – es reizt mich einfach, den Wettlauf um den Kunden zu gewinnen. Wie mir das gelingt, kann ich nicht sagen. Ich weiß nur, ich brauche etwas mehr Menschenkenntnis, etwas mehr Sprachgefühl, etwas mehr Einfallsreichtum – als aus Büchern zu lernen ist.

**Wenn Sie durch bessere Texte mehr verkaufen wollen,**
müßte Ihnen meine Arbeit eigentlich gefallen. Sehr sogar. Denn wer hätte etwas gegen Erfolg?

**Schreiben Sie bitte unter D 199 an . . .**
die . . . Zeitung. Stehen die Bäume, die ich ausreißen soll, schon bereit?

Diese Anzeige wächst aus dem Rahmen des Stellengesuchs heraus; sie nähert sich einer Arbeitsprobe. Wer in wenigen Sätzen so von seiner Leistung überzeugen kann, mag ruhig auf die sonst üblichen Angaben verzichten.

Aber – Vorsicht! Wer darin nicht geübt ist, wer nicht etwas mehr Menschenkenntnis, Sprachgefühl und Einfallsreichtum hat, als aus Büchern zu lernen ist, für den wird ein solcher Versuch allzu leicht zu einem Reinfall. In der ersten Begeisterung überschätzt man oft, was man zustande bringt – besonders auf dem Gebiet der Werbetextarbeit, weil die Qualität ja nicht direkt zu wiegen oder zu messen ist.

## Das Stellenangebot des Unternehmens

Weitaus häufiger als durch eine eigene Stellenanzeige findet man eine neue Stelle durch die Stellenangebote der Unternehmen. Wo inserieren die Firmen? In Fachzeitschriften, in Tageszeitungen und durch die Arbeitsämter. Fachzeitschriften haben für die Inserenten den Vorteil, daß sie nur von denen gelesen werden, die in irgendeiner Weise mit einem besonderen Berufszweig zu tun haben.

Es gibt Fachzeitschriften für Fleischer, Einzelhändler, Marktforscher, Journalisten, Korrespondenten, Werbeleute, Ingenieure, Chemiker usw. Die Anzeigen treffen also auf einen bereits ausgewählten Leserkreis. Da die Auflagen dieser Zeitschriften meistens nicht sehr hoch sind, werden auch die Anzeigen nicht so teuer. Zwei Vorteile also, die Fachzeitschriften dem Inserenten bieten! Allerdings steht dem der Nachteil gegenüber, daß diese Zeitschriften nur in größeren Abständen erscheinen, alle vierzehn Tage, monatlich oder achtwöchentlich. Wenn man seine Anzeige zu einer ungünstigen Zeit aufgibt, muß man auf ihr Erscheinen lange warten.

In den Tageszeitungen haben sich die Mittwochs- und Samstagsausgaben als die großen »Stellenvermittler« herausgebildet; das Schwergewicht liegt bei den Samstagen.

Zu unterscheiden ist zwischen regionalen und überregionalen Tageszeitungen. Zu den Regionalzeitungen gehören zum Beispiel die Rheinische Post und die Neue Rheinzeitung. Zu den überregionalen Tageszeitungen zählen die Frankfurter Allgemeine Zeitung, die Süddeutsche Zeitung, die Welt, um nur einige zu nennen.

Wann inserieren die Firmen wo?

Wenn die Farbenfabriken Bayer in Leverkusen beispielsweise einige Schreibkräfte suchen, werden sie in der Regel den Kölner Stadt-Anzeiger und die Kölner Rundschau bevorzugen.

Wenn sie dagegen einen Chemiker oder einen Werkschriftleiter brauchen, lassen sie ihre Anzeigen bestimmt in mehreren überregionalen Zeitungen erscheinen.

## Wie sind Stellenangebote zu beurteilen?

Wenn Sie einer Firma eine ausführliche Bewerbung schicken, so wird diese Bewerbung genau ausgewertet, das heißt, alle Teile ihrer Bewerbung bekommen sozusagen Zensuren. Lassen Sie sich durch diese Tatsache aber nicht zu der irrigen Ansicht verleiten, daß nur die Firma zu bewerten hätte, während Sie selbst nichts als stillhalten könnten. Ganz falsch! Auch Sie haben Möglichkeiten, die Firma zu beurteilen, für deren Stellenangebot Sie sich interessieren. Und Sie sollten es gründlich tun. Sehen Sie sich die Anzeigen der Firmen einmal sorgfältig an, möglichst viele. Bald werden Ihnen Unterschiede auffallen.

Zunächst unterscheiden wir die beiden großen Gruppen »Namensanzeigen« und »Chiffreanzeigen«. Natürlich gefallen Ihnen als dem Stellungsuchenden Namensanzeigen besser, denn allein bei Namensanzeigen wissen Sie, mit wem Sie es zu tun haben. Bei Chiffreanzeigen kann man üble Überraschungen erleben, zum Beispiel: Die ausführlichen Unterlagen kommen erst nach Monaten zurück, in unordentlichem Zustand, lediglich mit einem vervielfältigten Wisch ohne Unterschrift versehen, der Sie wissen läßt, daß man Sie nicht braucht.

Also auf Chiffreanzeigen nie irgendwelche Originalunterlagen schicken, z. B. Zeugnisse! Das gilt schon für Namensanzeigen, für Chiffreanzeigen jedoch noch viel mehr.

Ferner kann man, wenn einen das Angebot nicht ganz besonders reizt, erst einmal nur einen Bewerbungsbrief schicken. Dieser Brief muß alles enthalten, was den Empfänger lockt und ihn deshalb veranlaßt, vollständige Unterlagen anzufordern. Sie können in einem solchen Brief höflich und freundlich sagen:

"Ich schicke Ihnen gern ausführliche (oder lückenlose) Unterlagen, sobald ich weiß, daß Sie an meiner Bewerbung interessiert sind."

Geht der Empfänger darauf ein, muß er auch seinen Namen nennen.

Allerdings braucht man die Furcht vor Chiffreanzeigen nicht zu weit zu treiben. Daß die eine oder andere Firma die Kennziffer dem Namen vorzieht, kann beispielsweise wettbewerbliche Gründe haben: die Konkurrenz soll nicht gleich merken, daß man schon wieder einen Fachmann für ein Gebiet einstellen muß. Und da wir gerade bei dem Thema Wettbewerb sind: Es gibt auch Firmen, die eigentlich keine neuen Mitarbeiter suchen, aber trotzdem auffällige Stellenanzeigen erscheinen lassen. Die Konkurrenz soll denken, es ginge der betreffenden Firma gut.

Um dem Arbeitnehmer jeden Argwohn zu nehmen, wählen manche Firmen einen Mittelweg. Sie geben zwar nicht ihren Namen bekannt, beauftragen aber einen in der Anzeige namentlich genannten Unternehmensberater, in ihrem Namen die Vorverhandlungen zu führen. Der Stellungsuchende kennt also zwar den Inserenten zunächst nicht, hat es aber auch nicht mit einer Chiffre, sondern mit einer Person zu tun.

Ein weiterer Punkt, auf den Sie achten sollten: Das Verhältnis zwischen »geboten wird« und »gefordert wird« (oder: gesucht, gewünscht). Ist fast der ganze Text mit Forderungen und Wünschen ausgefüllt, oder sagt die Firma auch, was sie Ihnen zu bieten gedenkt?

Ferner ist wesentlich, ob sich der Anzeigentexter in allgemeinen Redensarten ergeht oder ob er genaue Auskünfte gibt: über die Art des Unternehmens, über die Aufgaben, die den Neuling erwarten, über die Aufstiegsmöglichkeiten und so weiter. Je schwammiger die Formulierungen sind, desto mehr müssen Sie bei den persönlichen Verhandlungen und bei der Formulierung Ihres Vertrages auf der Hut sein. Verlassen Sie sich nicht auf freundliche Versprechungen. Wenn Ihr Vertragspartner seine Versprechungen zu halten gedenkt, kann er sie auch in den Vertragstext hineinnehmen.

Schließlich prüfen Sie bitte den Ton, die Sprache der Anzeige. Schreibt die Firma »von oben herab«, gestelzt, im Unteroffiziersjargon früherer Zeiten oder frisch, natürlich, persönlich?

Zu alldem jedoch eine kleine Einschränkung: In vielen Firmen werden solche Anzeigen von Mitarbeitern der Personalabteilung verfaßt, die nicht das geringste Fingerspitzengefühl für Textarbeit und gar für Werbetextarbeit haben. Oft sind also ungeschickte, wenig ansprechende Formulierungen kein böser Wille, sondern einfach nur Unvermögen. Mit anderen Worten: Beachten Sie die Punkte, die wir hier aufgezählt haben, zwar genau, aber überschätzen Sie ihren Wert auch nicht. Ihr negatives Urteil über eine Firmenanzeige mahnt zur Vorsicht, braucht aber noch nicht unbedingt etwas Negatives zu bedeuten. Ihr positives Urteil über eine Firmenanzeige dagegen ist für dieses Unternehmen auf jeden Fall ein Pluspunkt.

## Wie antwortet man auf eine Chiffreanzeige?

Wenn die Firma ihren Namen hinter einer Chiffre versteckt, müssen Sie Ihre Bewerbung der Zeitung zur Weiterleitung schicken. Sie brauchen dazu nur auf dem Umschlag deutlich die Chiffre anzugeben. Das sieht zum Beispiel so aus:

```
Frankfurter Allgemeine Zeitung
Anzeigenabteilung/Kennziffer DT 89 47 36
Postfach ...

6000 Frankfurt
```

Sie müssen dieses einfache Verfahren etwas ändern, wenn Sie wollen, daß Ihre Zuschrift an bestimmte Firmen nicht weitergeleitet wird (»Sperrvermerk«). Dann stecken Sie Ihre Bewerbung in einen Umschlag, kleben ihn zu, beschriften ihn, wie oben angegeben, und stecken diesen Umschlag zusammen mit einem kurzen Begleitschreiben in einen größeren Umschlag, den Sie ohne Chiffreangabe an die Anzeigenabteilung der betreffenden Zeitung schicken. Im Begleitbrief kann sinngemäß folgendes stehen:

```
Chiffre DT 89 47 36

Bitte leiten Sie meine beigefügten Bewerbungs-
unterlagen nicht an den Inserenten weiter, wenn
es sich dabei um eines der folgenden Unternehmen
handelt:

1. .....
2. .....
3. .....

In diesem Fall senden Sie bitte die Unterlagen
gebührenpflichtig an mich zurück.
Vielen Dank.

Mit freundlichen Grüßen
(Unterschrift)
```

Diese Vorsicht ist zum Beispiel dann geboten, wenn Sie in einem Unternehmen arbeiten, das selbst der Inserent sein könnte.

## Ist ein Stellenwechsel nötig und nützlich?

Dieses Kapitel hat in unserem Buch eigentlich gar nichts zu suchen, denn wenn Sie sich die Frage stellen: »Wie kann ich mich erfolgreich bewerben?«, dann haben Sie schon entschieden, daß Sie sich bewerben, daß Sie also Ihre Stellung wechseln wollen. Dennoch ...

Ungezählte Arbeitnehmer wechseln Jahr für Jahr ihre Stelle unnötig oder erleben bei ihrem Wechsel böse Überraschungen. Warum? Ein paar von vielen Möglichkeiten seien hier genannt, um Sie zu reiflicher Überlegung anzuregen.

Der einfachste Fall: Man verträgt sich mit einem Vorgesetzten oder mit einem Kollegen nicht. Gewiß, Unzuträglichkeiten können einem die reizvollste Arbeit in trübem Licht erscheinen lassen. Aber – wissen Sie, was Sie in der nächsten Firma in dieser Hinsicht erwartet? Ein Stellenwechsel ist immer mit einem gewissen Risiko verbunden, und er bringt meistens viel Unruhe und eine Menge unvorhergesehener Ausgaben mit sich.

Es fragt sich also, ob es nicht vernünftiger wäre, zunächst noch einen langfristigen Versuch an seinem alten Arbeitsplatz zu machen: den Versuch nämlich, sich selbst besser auf die Zusammenarbeit mit Kollegen oder Vorgesetzten einzustellen.

Ein anderer Fall: Der ganze Laden gefällt einem einfach nicht mehr. Diese Bürokratie, diese Umständlichkeit, dieses Hin und Her um Kompetenzen! Da ist doch die Firma ... ganz anders! Wissen Sie genau, daß es dort besser ist? Die Fassade und das, was so erzählt wird – manchmal aus Angabe –, ist noch längst nicht das Innere, die tägliche Betriebswirklichkeit.

Und ein dritter Fall: Man glaubt, am alten Platz keine Aufstiegschancen mehr zu haben. Die Erfahrung sagt dazu, daß ausgesprochen viele, die Aufstiegschancen gehabt hätten, wechseln, weil sie davon nichts wußten. Das ist einmal gewiß ein Versäumnis des Unternehmens. Auf der anderen Seite ... Ehe Sie diesen Schluß ziehen »Hier komme ich doch nicht weiter!«, erkundigen Sie es bitte genau! Sprechen Sie offen mit Ihrem unmittelbaren Vorgesetzten oder mit dessen Vorgesetzten über Ihre Möglichkeiten. Geben Sie zu erkennen, daß Sie vorankommen wollen und daß Sie sich dafür auch besonders einzusetzen gedenken. Erst wenn Ihnen in solchen Gesprächen klipp und klar gesagt worden ist: »Für Sie geht's hier nicht weiter!«, erst dann sollten Sie sich nach einem günstigeren Startplatz umsehen.

Schließlich noch ein Wort zum »lieben Geld«. Sie dürfen ein Gehaltsangebot nie für sich allein sehen. Nehmen Sie an, Sie wechselten aus einer Großstadt in eine sehr schöne Kurbad-Stadt, und Sie bekämen dort 300 DM mehr. Sind das wirklich 300 DM mehr, die Sie ausgeben können? Oder liegen die Preise in einem bekannten Badeort nicht vielleicht allgemein um so viel höher, daß Ihr Lebensstandard trotz der Erhöhung genau der gleiche bleibt? Wesentlich schwerer zu beantworten ist diese Frage bei einem Wechsel ins Ausland. Andere Lebensverhältnisse können den Zahlen einen anderen Wert geben. Also: Nicht nur mit den Zahlen rechnen, sondern auch mit den Umständen.

## Lob des Stellenwechsels

Das letzte Kapitel hat Sie angeregt, noch einmal reiflich zu überlegen, ob Sie wirklich die Stelle wechseln sollten. Es wirkte wie eine Bremse und sollte auch so wirken. Das heißt nun jedoch nicht, daß wir Ihnen einen Wechsel ausreden wollten. Im Gegenteil: Wenn Sie wirklich davon überzeugt sind, daß ein Stellenwechsel sein muß und daß er Ihnen gut bekommt, dann – ans Werk!

Viele besonders tüchtige Kräfte in Wirtschaft und Technik haben bemerkenswert oft ihre Arbeitsplätze gewechselt. Sie haben dabei reichlich Erfahrungen gesammelt, die ihnen alle zugute kamen, als sie dann einmal den Platz fürs Leben – fürs Berufsleben – gefunden hatten.

Denken Sie bitte nicht, dieser Weg sei bequem. Am bequemsten ist es oft, auf einem Platz, der einem leidlich zusagt, sitzen zu bleiben. Bei einem Wechsel kann man nämlich nicht nur dazulernen: man muß es sogar. Er verlangt stets eine besondere Anstrengung, Umgewöhnung, Einfügung. Das ist keineswegs leicht. Wer solche Belastungen aber auf sich nimmt, hat eben auch mehr Chancen.

Deshalb noch einmal: Bedenken Sie vor einem Wechsel alle Umstände einschließlich der eigenen Leistungsfähigkeit! Ergibt sich daraus ein klares »Ja« –, was dann zu tun ist, besprechen wir in den weiteren Kapiteln.

## Der Bewerbungsbrief

Das Äußere eines Bewerbungsbriefes ist ebenso wichtig wie sein Inhalt. Sauberkeit, diese Forderung steht an erster Stelle. Außerdem ist Schreibmaschinenschrift zu empfehlen. Wenn Sie selbst keine Schreibmaschine haben und Sie auch in Ihrem Bekanntenkreis niemanden kennen, der Ihnen hier behilflich sein könnte: es gibt auch Schreibbüros. Die kleine Ausgabe lohnt sich.
Da mit dem Bewerbungsbrief fast stets Zeugnisse und andere Unterlagen geschickt werden, ist ein DIN-C5-Umschlag oder DIN-C4-Umschlag vorzuziehen. Sie brauchen Ihre Bogen dabei nur einmal oder gar nicht zu knicken, und wenig oder gar nicht geknickte Schriftstücke machen einen besseren Eindruck.
Der »Betreff«: Das Wort »Betreff« ist bürokratisch und überflüssig. Sie schreiben vor »Sehr geehrter Herr Müller« ja auch nicht die Ankündigung »Anrede«.

Also nicht:

```
Betreff: Ihr Stellenangebot in der ... Zeitung
         vom 04.06.19.. - Werbeassistent -
```

Sondern:

```
Ihr Stellenangebot in der ... Zeitung vom
04.06.19.. - Werbeassistent -
```

Sie brauchen diese Zeile auch nicht zu unterstreichen, sie steht am Anfang und ist durch zwei Leerzeilen von der Anrede getrennt, hat also ohnehin eine herausgehobene Stellung.
In die Anrede setzt man am besten den Namen dessen, der zu entscheiden hat. In der Regel kennt man den Namen jedoch nicht. Dann schreibt man besser

```
Sehr geehrte Damen und Herren,
```

Eine Bewerbung geht fast immer durch mehrere Hände, und mit dieser Anrede ist man sicher, daß sich keiner übergangen fühlt. Das Ausrufezeichen hinter der Anrede sieht man nur noch selten, aber es ist (noch) nicht falsch.

Zur Einleitung:
In der Werbung sagt man: Wer den ersten Satz eines Werbetextes gelangweilt liest, wird selten noch den zweiten lesen. Ganz so schlimm ist es bei Bewerbungsbriefen nicht. Aber ein bißchen davon trifft auch hier zu. Emp-

fangen Sie den Leser weder mit unterwürfigem noch mit umständlichen noch mit marktschreierischen Wendungen. Weg mit Anfängen wie:

Ich erlaube mir

Ich übersende Ihnen ehrerbietig

Ich gebe mir die Ehre

Ich gestatte mir höflichst

Ihre sehr geschätzte Anzeige

Bezug nehmend auf Ihr Inserat vom

Unter Bezugnahme auf Ihre Anzeige in der

Im Hinblick auf Ihre geehrte Anzeige übersende ich anliegend

Ich bin der beste Mann für Sie!

Wenn Sie Ihren Umsatz steigern wollen - wählen Sie mich!

In mir finden Sie eine ausgesprochene Verkaufskanone!

Fangen Sie statt dessen sofort mit der Sache an, bescheiden, aber bestimmt:

Ich bewerbe mich um die Stellung als ...

Als gelernter Mechaniker kann ich Ihre Anforderungen erfüllen.

Die geforderten Berufserfahrungen habe ich in fünfjähriger Konstruktionstätigkeit im Motorenbau erworben.

Die beiden ersten Anfänge sind Einleitungen, mit der dritten Fassung sind Sie sofort mitten im Hauptteil.
In diesem Hauptteil müssen Sie so kurz wie möglich und so genau, wie es geht, sagen, weshalb Sie diese Wünsche des Inserenten gut erfüllen können.
Vermeiden Sie dabei allgemeine Redensarten wie:

Ich habe umfassende Kenntnisse in allen vorkommenden Arbeiten.

... und ich bin vielseitig erfahren in verschiedenster Richtung.

... kann ich überall gute Dienste leisten ...

... weil ich in allen Gebieten versiert bin.

... mein ausgereiftes Wissen und meine reiche Erfahrung in der Branche.

Sagen Sie statt dessen genau, was Sie zu bieten haben:

Stenographie: 180 Silben/min
Maschinenschreiben: 250 Anschläge/min
dreijährige Verkaufserfahrung in Frankreich,
Diplom für englische Handelskorrespondenz.

Wer durch langjährige Arbeit umfangreiches Können erworben hat, darf einen besonderen Tätigkeitsnachweis zusammenstellen, der die Dauer der Positionen, die Namen der entsprechenden Unternehmen und genaue Angaben über die Einsatzgebiete enthält.
In diesem Fall darf im Bewerbungsbrief stehen:

Das fachliche Können, das Sie verlangen, habe ich. Sie ersehen das aus dem beigefügten Tätigkeitsnachweis und meinen anliegenden Zeugnisabschriften.

Wenn Sie alle beruflichen Stationen in einem solchen Tätigkeitsnachweis oder in einem tabellarischen Lebenslauf unterbringen, können Sie sich in Ihrem Bewerbungsbrief darauf konzentrieren, wichtige Einzelheiten hervorzuheben.

Wesentliche Fragen, die meistens beantwortet werden müssen, sind außerdem:
Jetzige Tätigkeit – gekündigt oder ungekündigt?
Frühester Eintrittstermin?
Gründe für den beabsichtigten Stellenwechsel?
Gehalt?
Der letzte Punkt ist heikel. Wer die Stelle wechselt, will in der Regel mehr verdienen. Aber wie soll man zu dieser Zeit schon wissen, was in der Inserentenfirma möglich ist und was nicht? Mit zu niedrigen wie mit zu hohen Forderungen kann man sich etwas verderben. Was tun?
Am einfachsten ist es, das jetzige Gehalt zu nennen. Damit haben Sie einen Anhaltspunkt für das Gespräch geliefert, ohne sich schon festzulegen. Bei dieser Gehaltsangabe zu »schummeln« ist natürlich sinnlos, denn es käme später heraus. Allerdings dürfen Sie regelmäßige Weihnachtsgratifikationen, Firmenpensionen und ähnliches berücksichtigen. Besonderheiten

– zum Beispiel Behinderungen – sollten Sie von vornherein angeben, auch wenn nicht danach gefragt worden ist. Gesprochen werden müßte darüber doch, und dann besser gleich. Im übrigen brauchen Tatsachen, die dem Bewerber zunächst als nachteilig erscheinen, in Wirklichkeit gar nicht nachteilig zu sein. Beispielsweise ist es möglich, daß der Personalchef selbst unter einer Kriegsverletzung zu leiden hat und schon deshalb einem entsprechenden Bewerber gefühlsmäßig einen Vorsprung bei der Auswahl gibt.

Und jetzt kommt eine Empfehlung, die Sie sich fest einprägen und die Sie immer beherzigen sollten:

Antworten Sie auf jede Frage, die in der Anzeige gestellt ist!

Sie zeigen damit, daß Sie genau verstanden haben, was der andere will, daß Sie nicht ichbezogen, sondern dubezogen sind, daß Sie gewissenhaft, gründlich, systematisch arbeiten, daß Sie nichts zu verbergen haben.

Lesen Sie eine Anzeige, auf die Sie eingehen, nicht einmal, sondern besser fünf- oder zehnmal. Bei jedem Lesen wird Ihnen noch die eine oder andere Feinheit auffallen, die Ihnen einen guten und Vorteil bringenden Gedanken für Ihren Bewerbungsbrief geben kann.

Der Schlußsatz: Wie beim Anfang greifen hier viele nach Routine- oder Verlegenheitslösungen. Die beliebteste und zugleich eine der schlechtesten:

Ich sehe Ihrer Nachricht auf meine Bewerbung
mit Interesse entgegen und verbleibe ...

Das ist eine Phrase. Natürlich sieht der Bewerber mit Interesse entgegen, sonst hätte er sich doch gar nicht die Mühe des Schreibens gemacht. Ebenso ungeschickt ist:

Ich bitte Sie, meine Bewerbung zu berücksichtigen ...

Als wenn sich der Empfänger an einer solchen Bitte orientieren dürfte, könnte oder wollte! Aus dem gleichen Grund sind alle Aussagen negativ, die direkt oder indirekt an das Mitleid appellieren. Zum Beispiel:

Ich bin Flüchtling und habe alles verloren.
Meine Frau ist krank, ich brauche diese Stelle dringend.
Ich habe in meinem Leben viel Leid erfahren.
Politische Verfolgung hat meine Gesundheit untergraben.
Mein Chef hat kein Verständnis für meine Lage.
Ich bin seit 14 Monaten arbeitslos.

Keine dieser Äußerungen hat etwas mit der Eignung des Bewerbers zu tun; jede wirkt negativ. Wenn auf wirklich unglückliche Entwicklungen oder Umstände zufällig das Gespräch bei der Vorstellung kommt – gut. Das kann, wenn die Frage von der anderen Seite gestellt wird, sogar nützlich sein. Aber Sie dürfen sich mit Persönlichem auf keinen Fall aufdrängen.
Ehe Sie die folgenden Musterbriefe lesen, ein kurzes Wort noch zur Sprache:
Schreiben Sie knapp, aber höflich, sachlich, aber nicht »kalt« oder »bürokratisch«.

Die Briefe sind mit verschiedenen Schrifttypen geschrieben, um Ihnen zugleich eine Vorstellung von den Gestaltungsmöglichkeiten zu geben.

## Bewerbung einer Sekretärin

Liselotte Kaimer 05.06.19..
Genthiner Straße 30
1000 Berlin 100

(Empfängeranschrift)

Kennziffer: 449
Ihre Anzeige "Sekretärin gesucht" in der ... Zeitung vom 04.06.19..

Sehr geehrte Damen und Herren,

in Ihrem Stellenangebot suchen Sie eine Sekretärin mit erstklassigen Umgangsformen, gewandtem Auftreten und guten Kenntnissen in Stenographie und Maschinenschreiben.

Ich erfülle diese Voraussetzungen. Darüber hinaus kann ich als Dolmetscherin eingesetzt werden, denn ich besitze das Dolmetscherdiplom Englisch und beherrsche diese Sprache sicher in Wort und Schrift. Ich habe Erfahrung mit Buchhaltungs- und Rechenmaschinen, kann auch nach Phonodiktaten schreiben und selbst so formulieren, daß mein künftiger Chef mir nur die Stichworte für seine Korrespondenz anzugeben braucht. Den einfachen Briefverkehr führe ich selbständig.

Ich bin in ungekündigter Stellung als Sekretärin bei einer Großhandlung für Eisen, Stahl und Bleche in Berlin tätig, so daß ich auch über Fachausdrücke und Warenkenntnisse verfüge, die für diese Stelle erforderlich sind.

Ich möchte mich nach Hamburg verändern, weil ich dort mit meiner Mutter zusammenleben will.

Meinen beruflichen Werdegang entnehmen Sie bitte dem beigefügten Lebenslauf.

Als Anfangsgehalt wünsche ich mir ... DM. Vom 13.06. bis 19.06.19.. halte ich mich in Hamburg auf und bin unter der Adresse Johanna Kaimer, Kufsteiner Straße 4 zu erreichen.

Bitte geben Sie mir Gelegenheit zu einer persönlichen Vorstellung.

Mit freundlichen Grüßen
(Unterschrift)

Anlagen
Lebenslauf mit Lichtbild
5 Zeugnisabschriften

## Bewerbung einer Stenotypistin mit Warenkenntnissen

Edith Sachs
Leibnizstraße 5
7734 Klengen

04.05.19..

(Empfängeranschrift)

Chiffre: NH 7374
Ihre Anzeige im ... Tageblatt vom 03.05.19..:
"Stenotypistin mit Warenkenntnissen in der Textilbranche gesucht"

Sehr geehrte Damen und Herren,

ich bewerbe mich um die Stelle der Stenotypistin in Ihrem Unternehmen.

Auf der Maschine erreiche ich 240 Anschläge/min, in Stenographie 180 Silben/min. Außerdem habe ich gute Warenkenntnisse im Textilhandel, weil ich in dieser Branche 4 Jahre zuerst als Lehrling, später als Verkäuferin gearbeitet habe. Buchführung und Abrechnung sind mir geläufig, die Geschäftsvorgänge bekannt, so daß ich die einfache Korrespondenz nach Einarbeitung selbständig führen könnte.

Wie Sie aus den beiliegenden Zeugnisabschriften ersehen können, bin ich fleißig, umsichtig und zuverlässig. Ich habe gute Umgangsformen und kann mich schnell in eine Betriebsgemeinschaft einordnen.

Ich arbeite in ungekündigter Stellung in Lüneburg. Da ich mit meinem Stellenwechsel auch eine finanzielle Verbesserung erreichen möchte, bitte ich Sie, mir ein Gehalt von ... DM monatlich zu zahlen.

Wann darf ich mich bei Ihnen vorstellen?

Mit freundlichem Gruß
(Unterschrift)

Anlagen
Lebenslauf mit Lichtbild
2 Zeugnisabschriften

## Bewerbung einer Dolmetscherin (ohne Stelle)

Dorothea Fischer
Müllerstraße 45
6000 Frankfurt

Frankfurt, 04.08.19..

(Empfängeranschrift)

Kennziffer: MJ 456
Ihre Anzeige in der ... Zeitung vom 03.08.19..
"Dolmetscherin gesucht"

Sehr geehrte Damen und Herren,

aus den beiliegenden Zeugnissen über die staatliche Dolmetscherprüfung sehen Sie, daß ich die gewünschten Kenntnisse habe: Englisch und Französisch beherrsche ich in Wort und Schrift.

Außerdem lerne ich seit etwa einem Jahr in Abendlehrgängen an der ...-Schule die spanische Sprache. Hierin vermag ich wegen der Kürze der Ausbildungszeit zwar noch nicht die Korrespondenz zu führen, doch ich kann mich bereits gut verständigen. Ich beabsichtige, an den Sprachkursen auch weiterhin teilzunehmen, so daß ich in etwa zwei Jahren im Spanischen gute Kenntnisse haben werde.

Auf der Maschine schreibe ich etwa 200 Anschläge in der Minute; Stenographiekenntnisse habe ich nicht.

Aus persönlichen Gründen möchte ich nur eine Stellung in Frankfurt oder in der nächsten Umgebung annehmen. Für den Fall, daß Ihr Unternehmen in einem anderen Gebiet liegt, bitte ich Sie, mir meine Bewerbungsunterlagen zurückzusenden.

Als Anfangsgehalt schlage ich ... DM vor. Ich könnte die Arbeit sofort aufnehmen. Darf ich mich bei Ihnen vorstellen?

Mit freundlichen Grüßen
(Unterschrift)

Anlagen
Lebenslauf
Lichtbild
2 Schulzeugnisse
2 Befähigungszeugnisse

## Bewerbung einer Fremdsprachenkorrespondentin (Anfangsstelle)

Rita Pesch
Moltkestraße 20
8720 Schweinfurt

Schweinfurt, 27.05.19..

(Empfängeranschrift)

Ihre Anzeige in der ...-Zeitung vom ...

Sehr geehrte Damen und Herren,

ich glaube, daß meine Fähigkeiten Ihren Anforderungen entsprechen, obwohl ich noch keine Büroerfahrung vorweisen kann. Englisch beherrsche ich in Wort und Schrift - Dolmetscherdiplom. Französisch spreche und schreibe ich sehr gut, da ich diese Sprache 5 Jahre auf der Oberschule (Abitur) erlernt habe und mich anschließend am Fremdspracheninstitut ... weitergebildet habe.

Ein neunmonatiger Aufenthalt in Lyon führte zur sicheren Beherrschung der französischen Sprache.

Ich schreibe

| | |
|---|---|
| die deutsche Stenographie | (... Silben pro Minute) |
| die englische Stenographie | (... Silben pro Minute) |
| die französische Stenographie | (... Silben pro Minute) |
| und auf der Schreibmaschine | (... Anschläge pro Minute) |

Mit der Arbeit könnte ich sofort beginnen und bin sicher, daß ich mich sehr schnell und gewissenhaft einarbeiten werde.

Zu Probediktaten und -übersetzungen bin ich gern bereit.

Wann darf ich mich vorstellen?

Mit freundlichem Gruß
(Unterschrift)

Anlagen
Reifezeugnis
Lebenslauf
Lichtbild
2 Sprachzeugnisse

## Bewerbung als Buchhalterin (Anfangsstelle)

Annelie Fabian
Bleibtreustraße 4
3500 Kassel

Kassel, 14.08.19..

Gustav Henschel GmbH
Vogelbau 45

3500 Kassel

Sehr geehrter Herr Henschel,

aufgrund der telefonischen Vereinbarung zwischen Ihnen und meinem Vater sende ich Ihnen meine Bewerbungsunterlagen mit der Bitte, mich in Ihrem Betrieb als Buchhalterin einzustellen.

Auf der Schreibmaschine erreiche ich 180 Anschläge pro Minute, in der Stenographie 80 Silben pro Minute. Zusätzliche Kenntnisse in der Buchführung, Betriebsorganisation, im Handelsrecht und im Steuer- und Bankwesen habe ich auf der Handelsschule in ... erworben. Eine Kopie des Abschlußzeugnisses ist beigefügt.

Ich bin 18 Jahre alt, ledig und suche eine Anfangsstelle, in der ich meine Kenntnisse in der Praxis verwerten und vertiefen kann.

Die Arbeit könnte ich sofort aufnehmen.

Bitte geben Sie mir Gelegenheit, mich bei Ihnen vorzustellen.

Mit freundlichen Grüßen
(Unterschrift)

<u>Anlagen</u>
Lebenslauf
Lichtbild
Kopie Schulentlassungszeugnis
Handelsschulzeugnis

# Bewerbung einer Angestellten im öffentlichen Dienst (ohne Stelle)

Ruth Roeder
Schädestraße 18
1000 Berlin 100

Berlin, 12.06.19..

(Empfängeranschrift)

Bitte um Einstellung als Angestellte

Sehr geehrte Damen und Herren,

da ich schon früher einmal in der Kommunalverwaltung als Angestellte tätig war, also entsprechende Berufserfahrung habe, möchte ich wieder im öffentlichen Dienst arbeiten. Ich schreibe auf der Maschine 250 Anschläge und in der Stenographie 140 Silben in der Minute. Briefe formuliere ich nach Stichworten selbständig. Gewandtheit im schriftlichen Ausdruck und Sicherheit in Rechtschreibung und Zeichensetzung vervollständigen meine Kenntnisse.

Ich bin 42 Jahre und habe zwei Kinder, die in der Berufsausbildung stehen.

Über Ihre positive Antwort würde ich mich sehr freuen.

Mit freundlichem Gruß
(Unterschrift)

Anlagen
Lebenslauf mit Lichtbild
2 Zeugnisabschriften

## Bewerbung einer Filialleiterin

Hilde Broose
Goethestraße 123
8000 München 80

München, 18.10.19..

(Empfängeranschrift)

Chiffre: MK 657
Ihr Stellenangebot in der ... Zeitung vom 16.10.19..
Filialleiterin Lebensmittelbranche gesucht

Sehr geehrte Damen und Herren,

die für die Leitung einer Lebensmittelfiliale notwendige Berufserfahrung habe ich. Bitte ersehen Sie die Einzelheiten aus den beigefügten Unterlagen.

Zur Ergänzung: Seit etwa 2 Jahren leite ich völlig selbständig ein großes Lebensmittelgeschäft. Meine Tätigkeit beschränkt sich nicht nur auf den Verkauf von Waren, auf Arbeitskontrolle, Beaufsichtigung und Betreuung des Personals und Abrechnung, sondern umfaßt auch Einkauf, Buchführung, Werbung und Korrespondenz. Unter meiner Leitung hat sich das Unternehmen vergrößert, der Umsatz ist um ... Prozent gestiegen, der Kundenstamm wurde erweitert. Das Geschäft ist bei der Kundschaft beliebt, weil ich auf Sauberkeit, flottes Arbeitstempo, Freundlichkeit und Sorgfalt beim Abwiegen und Verpacken der Ware achte.

Den von Ihnen angebotenen Eintrittstermin, 01.01.19.., könnte ich einhalten, falls sich der Vertragsabschluß nicht verzögert.

Ich bitte, meine Bewerbung vertraulich zu behandeln und vorerst von einer Kontaktaufnahme mit dem Geschäftsinhaber abzusehen, da er von meinen Veränderungswünschen noch nicht unterrichtet ist: Ich strebe den Stellungswechsel aus persönlichen Gründen an.

Darf ich mich bei Ihnen vorstellen?

Mit freundlichen Grüßen
(Unterschrift)

Anlagen
Lebenslauf
Lichtbild
Tätigkeitsnachweis
3 Zeugnisabschriften

## Bewerbung einer Verkäuferin

Helene Frei
Bachgraben 88
6700 Ludwigshafen

Ludwigshafen, 13.03.19..

Schuhgeschäft Karl Freese
Postfach 50 26

6700 Ludwigshafen

Sehr geehrter Herr Freese,

auf Ihren Schaufensteraushang "Schuhverkäuferin gesucht" sende ich Ihnen meine Bewerbungsunterlagen.

Ich habe gute Warenkenntnisse in der Schuhbranche, da ich von ... bis ... als Schuhverkäuferin bei der Firma Lindow & Co. in Wiesbaden tätig war. Meine Stellung damals gab ich auf, weil ich heiratete.

Was meine Eignung betrifft - bitte prüfen Sie die Beurteilung in den Zeugnissen der Firma Lindow & Co. und der Eduard Filber KG, in denen mir Verkaufstalent, Gewandtheit im Umgang mit der Kundschaft und gute Erfolge bescheinigt werden.

Ich hoffe, Sie bei einer persönlichen Vorstellung überzeugen zu können, daß ich für die Stelle geeignet bin.

Ich könnte die Arbeit sofort aufnehmen.

Mit freundlichen Grüßen
(Unterschrift)

Anlagen
Lebenslauf mit Lichtbild
Zeugnis Lindow und Co.
Zeugnis Eduard Filber KG

## Bewerbung einer Photolaborantin

Lore Benning
Am Hain 34
6980 Wertheim

Wertheim, 12.04.19..

(Empfängeranschrift)

Kennziffer: XB 487
Ihre Stellenanzeige vom 10.04.19.. im ... Tageblatt
Photolaborantin von größerem Industrieunternehmen gesucht

Sehr geehrte Damen und Herren,

ich bewerbe mich um die ausgeschriebene Stelle.

Nach dreijähriger erfolgreicher Lehrzeit im Photohaus Meister & Co. in Wertheim trat ich am ... als Photolaborantin in die "Photozentrale West" in Würzburg ein. Hier bin ich noch jetzt in ungekündigter Stellung tätig.

Seit einem Jahr leite ich selbständig das Labor. Darin sind noch drei weitere Angestellte beschäftigt, deren Arbeit ich verantwortlich überwache. Ich habe gründliche Kenntnisse in meinem Fach, vor allem auch in ...-Arbeiten.

Ich bin an einem selbständigen und ausbaufähigen Arbeitsplatz in einem größeren Industrieunternehmen interessiert. Meine jetzige Stelle kann ich mit vierwöchiger Frist zum 1. eines jeden Monats kündigen, so daß ich frühestens am ... bei Ihnen anfangen könnte.

Bitte schreiben Sie mir, wann ich mich bei Ihnen vorstellen darf.

Mit freundlichen Grüßen
(Unterschrift)

Anlagen
Lebenslauf
Lichtbild
3 Zeugnisabschriften

## Bewerbung einer Modegraphikerin (ohne Stelle)

Ursula Emmerich
Klosterstraße 27
7800 Freiburg

Freiburg, 27.04.19..

(Empfängeranschrift)

Kennziffer: AE 357
Ihre Stellenanzeige "Modegraphikerin gesucht" in der ...-Zeitung vom 25.04.19..

Sehr geehrte Damen und Herren,

die von Ihnen gewünschten beruflichen Fähigkeiten bringe ich mit. Bitte prüfen Sie die beigelegten Unterlagen.

Ich bin Absolventin der Modeschule und konnte mir in dreijähriger Tätigkeit als Modegraphikerin in der Werbeabteilung des Modehauses Steinbach & Co. in Freiburg gute Kenntnisse auf allen Fachgebieten erwerben. Meine Stärke liegt in der selbständigen Inserat- und Prospektgestaltung. Das figürliche Zeichnen und Entwerfen beherrsche ich gut. Man sagt, ich hätte ein sicheres Empfinden für Chic und Eleganz, meine Entwürfe wirkten sehr gefällig. Wie finden Sie meine Arbeitsproben?

Über meine berufliche Ausbildung und meine bisherige Tätigkeit geben Ihnen die beigefügten Zeugnisse Aufschluß.

Ich könnte sofort bei Ihnen anfangen.

Mit freundlichen Grüßen
(Unterschrift)

Anlagen
Lebenslauf mit Lichtbild
3 Zeugnisabschriften
10 Arbeitsproben

## Bewerbung einer Krankenschwester (ohne Stelle)

Dorothea Fabian
Burgtor 6
1000 Berlin

Berlin, 07.07.19..

Privatklinik Dr. Weizmann
Seesener Straße 3

1000 Berlin

Ihr Stellenangebot vom 05.07.19.. in der ...-Zeitung

Sehr geehrter Herr Dr. Weizmann,

Ihren fachlichen Anforderungen kann ich entsprechen.

In den Jahren 19.. bis 19.. arbeitete ich als Schwester im Tbc-Krankenhaus Heckeshorn in Berlin. Daß ich mit allen pflegerischen Arbeiten vertraut bin und alle Aufgaben mit Begeisterung und Interesse bewältigt habe, sehen Sie aus dem beiliegenden Zeugnis des Krankenhauses.

Auf der Maschine schreibe ich 220 Anschläge, in der Stenographie erreiche ich 120 Silben. Die medizinischen Fachausdrücke sind mir größtenteils geläufig, so daß ich auch als ärztliche Korrespondentin eingesetzt werden kann.

Ich gab im Jahre 19.. meinen Beruf auf, weil ich heiratete. Da mein Ehemann sich vor kurzem freiwillig zur Bundeswehr gemeldet hat und sehr selten zuhause ist, füllt mich die Hausarbeit nicht aus. Ich möchte mich daher wieder der Krankenpflege widmen.

Ich könnte sofort beginnen und bitte Sie, mich bei Ihnen vorstellen zu dürfen.

Mit freundlichen Grüßen
(Unterschrift)

Anlagen
Lebenslauf mit Lichtbild
3 Zeugnisabschriften

## Bewerbung einer Damenschneiderin

Ingeborg Suse
Königstraße 3
6200 Wiesbaden

Wiesbaden, 23.06.19..

Firma Karl Lamprecht
Eichenstraße 57

6200 Wiesbaden

"Damenschneiderin gesucht" - Ihre Anzeige im ... Tageblatt vom 21.06.19..

Sehr geehrter Herr Lamprecht,

für Ihre Stelle als Damenschneiderin bringe ich die notwendigen Kenntnisse mit, außerdem gutes modisches Einfühlungsvermögen und Freude an der Arbeit.

Wie Sie aus dem beiliegenden Zeugnis ersehen können, habe ich die dreijährige Lehrzeit bei der Ziller KG im Jahre 19.. erfolgreich abgeschlossen. Später arbeitete ich in der Zuschneideabteilung des Unternehmens und wurde hier zur sicheren Zuschneiderin ausgebildet.

Im Mai 19.. wechselte ich zum Textilhaus Keller, wo ich in der Abteilung für Maßarbeit der Damenbekleidung auch heute noch in ungekündigter Stellung arbeite. Mein Aufgabengebiet ist das Herstellen von Kostümen und Kleidern nach Maß.

Im Umgang mit der Kundschaft, sagt man, sei ich zuvorkommend, höflich und gewandt. Ich verstehe es, auch die anspruchsvollste Kundin zufriedenzustellen.

Beruflich will ich mich nur dann verändern, wenn mir ein Gehalt von ... DM geboten wird. Der Dienstantritt wäre dann zum ... möglich.

Ich wäre Ihnen dankbar, wenn ich mich bei Ihnen vorstellen dürfte.

Mit freundlichem Gruß
(Unterschrift)

Anlagen
Lebenslauf
Lichtbild
3 beglaubigte Zeugnisabschriften

## Bewerbung einer Haushälterin

Elisabeth Schulz
Müllerstraße 4
4420 Coesfeld

Coesfeld, 03.05.19..

Herrn Rechtsanwalt und Notar
Dr. Karl Friedrich
Am Erlenbach 7

4420 Coesfeld

Sehr geehrter Herr Dr. Friedrich,

von Herrn Dr. Eduard Busch habe ich erfahren, daß Sie eine Haushälterin suchen. Ist diese Stelle noch unbesetzt? Ich möchte gern bei Ihnen arbeiten.

Ein paar Worte über mich: Ich bin 38 Jahre alt, Witwe und habe einen 15jährigen Sohn, der in der Berufsausbildung steht. Ich bin gesund und in hauswirtschaftlichen Arbeiten erfahren. Von 19.. bis 19.. war ich im Anschluß an eine dreijährige Lehrzeit als Köchin im Hotel Imperial in Hamburg tätig, so daß ich auch über beste Kochkenntnisse verfüge. Nach der Geburt meines Sohnes gab ich diese Stelle auf, um mich ausschließlich meinem Haushalt zu widmen.

Neben den üblichen Arbeiten im Haus kann ich sehr gut mit Kindern umgehen und bei größeren Festlichkeiten die Gästebewirtung planen und durchführen. Auch von gärtnerischen Arbeiten verstehe ich etwas, da ich selbst einen Garten als Pächterin bearbeite.

Falls Sie noch eine Haushälterin benötigen, teilen Sie mir bitte mit, wann ich mich bei Ihnen vorstellen darf. Ich bin überzeugt, daß Sie mit meiner Arbeit zufrieden sein werden. Ich könnte die Stelle sofort antreten.

Mit besten Grüßen
(Unterschrift)

# Bewerbung einer Schreibdienstleiterin

Paula Gendera
Bodelschwinghstraße 11
4400 Münster

Münster, 16.04.19..

Maschinenfabrik Jägerfeld AG
Herrn Dr. Felix Landner
Glockenstraße 142

5000 Köln

Ihre Anzeige in der ... vom ...
"Schreibdienstleiterin gesucht"

Sehr geehrter Dr. Landner,

Sie suchen eine erfahrene Schreibdienstleiterin für einen Zentralen Schreibdienst mit zehn Phonotypistinnen.

Ich habe in der Firma, in der ich jetzt tätig bin, einen solchen Schreibdienst für acht Kräfte aufgebaut und leite ihn seit drei Jahren.

Wir arbeiten mit einer Ferndiktieranlage und haben ein Mehrleistungs-Prämiensystem. Die durchschnittliche Leistung hat sich von 30 000 bewerteten Anschlägen/Tag im ersten Halbjahr auf 70 000 bewertete Anschläge erhöht.

Im Zusammenhang mit dieser erheblichen Leistungssteigerung wird die Tatsache für Sie interessant sein, daß uns in den drei Jahren nur eine einzige Kraft - aus familiären Gründen - verlassen hat.

Außer normalen Diktaten werden bei uns Adressendiktate mit Textautomaten verarbeitet. Jede Kraft in meinem Schreibdienst kann unsere zwei Textautomaten bedienen und tut das auch in regelmäßigem Wechsel mit den Kolleginnen. Die Arbeit am Textautomaten ist in das Prämiensystem einbezogen.

Neben meinen Zeugnissen (in Fotokopie), einem Lebenslauf in Stichworten und einem Lichtbild füge ich einen Fachaufsatz "Aufbau eines Zentralen Schreibdienstes" bei, der in der Fachzeitschrift "Das Büro" erschienen ist. Sie ersehen daraus, nach welchen Vorstellungen ich arbeite.

Ich sehe mich, im Einverständnis mit meiner jetzigen Firma, nach einem anderen Wirkungskreis um, weil mein Mann in Köln eine Arztpraxis eröffnet hat und wir deshalb in Kürze nach dort umziehen wollen.

Ich würde mich freuen, wenn ich meine langjährigen Erfahrungen in Zukunft für Ihr Unternehmen einsetzen könnte.

Mit freundlichem Gruß
(Unterschrift)

Anlagen

## Bewerbung eines Automobilverkäufers

Sehr geehrter Herr Meiers,

Sie werden sich bereits durch einen Berg Bewerbungen hindurchgearbeitet haben und vielleicht etwas ermüdet zu dieser greifen. Es ist möglich, daß Sie damit nur noch Ihrer Pflicht genügen wollen, weil Sie bereits einige Kollegen in die engere Wahl gezogen haben.

Wenn Sie aber die folgenden Punkte gelesen haben, werden Sie vielleicht meine Bewerbung auch noch auf den Stapel "Vorstellungsgespräch" legen.

- Ich bin gelernter Kraftfahrzeugkaufmann und habe die Abschlußprüfung meiner kaufmännischen Lehre "gut" bestanden.

- In vierjähriger Verkaufstätigkeit bei der Firma Eduard Sommer in Frankfurt, Generalvertretung für das ...-Werk, konnte ich auch im Gebrauchtwagengeschäft gründliches Wissen erwerben. Trotz meiner Jugend vertraute mir mein Chef die Verkaufsabteilung in einer Filiale an, was nur aufgrund meines verkäuferischen Talentes geschehen konnte.

Meine Verkaufserfolge beruhen auf Verhandlungsgeschick und psychologischen Kenntnissen, die ich praktisch verwerte.

- Meine Methode ist nicht die des marktschreierischen Aufdrängens einer Ware. Viel erfolgreicher ist eine mit Bescheidenheit gepaarte ruhige Überzeugungskraft, die sachlich die technischen Vorzüge und die Preiswürdigkeit der Produkte herausstellt. Gutes Einfühlungsvermögen in die Wünsche und Gedanken der Kunden läßt mich das rechte Wort zur rechten Zeit sprechen.

- Als 28jähriger bin ich alt genug, gründliche Kenntnisse des Automobilhandels zu haben und jung genug, um noch viele Jahre für Sie erfolgreich arbeiten zu können.

- Ein entsprechendes Äußeres und gutes Auftreten ergänzen meine Eignung.

Die Einzelheiten meines beruflichen Werdeganges entnehmen Sie bitte den beigefügten Zeugnisabschriften. Eine persönliche Vorstellung bei Ihnen würde Sie zu der Überzeugung kommen lassen, daß ich für Sie der richtige Verkäufer bin.

Den ersten Wagen könnte ich frühestens am 01.08. bei Ihnen verkaufen, da ich in ungekündigter Stellung arbeite und an eine 4wöchige Kündigungszeit gebunden bin. Ein Monatsgehalt von ... DM halte ich für angemessen.

Ich danke Ihnen für Ihre Aufmerksamkeit.

Mit freundlichem Gruß
(Unterschrift)

<u>Anlagen</u>
Lebenslauf, Lichtbild
Schulabgangszeugnis
Lehrzeugnis
2 Arbeitszeugnisse

## Bewerbung eines Buchhalters

Egon Müller
Lübecker Straße 24
2000 Hamburg

Hamburg, 22.05.19..

Firma Karl Fitz
Postfach ...
2000 Hamburg

Bewerbung als Buchhalter
Ihre Anzeige in der ...-Zeitung vom 11.05.

Sehr geehrter Herr Fitz,

in 7jähriger kaufmännischer Tätigkeit habe ich mir gründliche Kenntnisse im Buchhaltungswesen erworben, so daß ich glaube, für die von Ihnen ausgeschriebene Stelle geeignet zu sein. Ich bin bilanz- und abschlußsicher. Meine bisherigen Tätigkeitsgebiete umfaßten Lohn-, Gehalts-, Provisions- und Prämienabrechnung, Belegskontierung nach weit gegliederten Kontenplänen, kurzfristige Betriebsrechnung, Erfolgsrechnung sowie Mahn- und Klagewesen. Ich bin mit Buchungsmaschinen der Systeme ... vertraut.

Auf der Wirtschaftsschule in ... habe ich mir in Abendlehrgängen gute Kenntnisse im Steuer- und Zivilrecht angeeignet. Gewandt im mündlichen und schriftlichen Ausdruck, kann ich die Korrespondenz der Buchhaltungsabteilung selbständig führen. Da ich mich in ungekündigter Stellung befinde, könnte ich mich frühestens am 01.08. verändern. Als Gehalt schlage ich ... DM vor.

Über Einzelheiten würde ich gern persönlich mit Ihnen sprechen. Wann darf ich mich vorstellen?

Mit freundlichen Grüßen
(Unterschrift)

<u>Anlagen</u>
Lebenslauf
Lichtbild
3 Zeugnisabschriften

## Bewerbung eines Bankangestellten

Fritz Schack  
Seesener Straße 3  
3000 Hannover

Hannover, 05.07.19..

Niedersächsische Bank-AG  
Postfach ...

3000 Hannover

Bewerbung um die ausgeschriebene Stelle eines Abteilungsleiters  
Ihre Anzeige in der ... Zeitung vom 03.07.19..

Sehr geehrte Damen und Herren,

in 8jähriger Tätigkeit im Bankgeschäft konnte ich mir alle Kenntnisse aneignen, die für eine leitende Stelle in einem größeren Bankunternehmen notwendig sind. Deshalb bewerbe ich mich bei Ihnen.

Seit mehreren Jahren arbeite ich in der Abteilung für Revision, Kreditprüfung und -überwachung einer Großbank. Dabei habe ich auch im Außendienst Erfahrungen mit Bürgschaftsstellen und Garantiegemeinschaften sammeln können. Im Effektengeschäft, auf dem Gebiet der Devisenbearbeitung, in Bilanz- und Kreditanalyse kenne ich mich ebenfalls gut aus.

Aus den beiliegenden Zeugnissen sind meine Tätigkeitsgebiete und Leistungen ersichtlich. Hervorheben möchte ich noch, daß ich auch Nachwuchskräfte im Schalterdienst ausgebildet habe und daher nicht nur die notwendigen Sachkenntnisse für Ihre Stelle mitbringe, sondern auch gute Erfahrungen im Ausbildungswesen und in der Menschenführung habe.

Ich wäre Ihnen dankbar, wenn ich bei einer persönlichen Vorstellung Einzelheiten mit Ihnen besprechen dürfte.

Mit freundlichem Gruß  
(Unterschrift)

<u>Anlagen</u>  
Lebenslauf  
Lichtbild  
Zeugnisabschriften

# Bewerbung eines Exportkaufmannes (ohne Stelle)

Eduard Kempen
Leibnizstraße 4
2800 Bremen
Tel. ...

Bremen, 20.06.19..

Maschinenfabrik Franz Keller & Co.
Herrn Erich Schulze

2800 Bremen

Ihre Anzeige in der ... Zeitung vom 19.06.19..
"Exportkaufmann gesucht"

Sehr geehrter Herr Schulze,

den von Ihnen geforderten beruflichen Anforderungen kann ich gerecht werden.

Ergänzend zu meinen Bewerbungsunterlagen darf ich sagen, daß ich durch eine mehrjährige Tätigkeit bei der Firma Otto Wolf, Industrie-Export, reiche Erfahrungen im Exportgeschäft sammeln konnte und über gute Verbindungen im Ausland verfüge, die ich Ihrem Unternehmen nutzbar machen könnte. Ich habe auch gründliche Erfahrungen auf den Gebieten der Marktforschung, Absatzanbahnung, Auslandswerbung und Verkaufsplanung. Die Beherrschung der englischen Sprache verhalf mir zu guten Erfolgen. Auch Französisch spreche ich und kann in dieser Sprache verhandeln.

Meine Leistungen wurden von meiner Firma anerkannt: Im Laufe der Jahre bin ich vom Provisionsvertreter zum stellvertretenden Leiter der Exportabteilung aufgerückt.

Ich beherrsche den Devisenverkehr, das Steuerwesen, die Buchhaltung, kann organisieren, kalkulieren und einen Vertreterstab koordinieren. Da ich auch die in Ihrem Unternehmen hergestellten Geräte kenne, glaube ich, für die ausgeschriebene Stelle sehr geeignet zu sein.

In der Leitung des Unternehmens, in dem ich in ungekündigter Stellung tätig bin, sind durch den Tod des bisherigen Inhabers weitgehende Veränderungen eingetreten, die mich vor 3 Monaten zur Kündigung bewogen haben.

Bitte schreiben Sie mir, wann ich mich bei Ihnen vorstellen darf, damit Sie einen persönlichen Eindruck von mir erhalten.

Mit freundlichem Gruß
(Unterschrift)

Anlagen
Lebenslauf
Lichtbild
2 Zeugnisse

## Bewerbung eines Werbeassistenten

Eduard Filler
Am Wall 34
1000 Berlin

Berlin, 08.08.19..

Berolina-Verlag
Sächsische Straße 41

1000 Berlin

Ihre Anzeige in der ... Zeitung vom 06.08.19..

Sehr geehrte Damen und Herren,

ich bewerbe mich um die Stelle eines Werbeassistenten in Ihrem Verlag.

Nachdem ich zwei Jahre eine höhere Handelsschule und drei Jahre die Meisterschule für Graphik besucht hatte, trat ich in die Redaktion einer Berliner Handelszeitung ein. Dort bin ich auch heute noch in der Anzeigenabteilung ungekündigt tätig.

Mein Arbeitsgebiet besteht in der Planung und Gestaltung von Arbeitsentwürfen, im Zusammenstellen von Katalogen und Prospekten, Prüfen und Überarbeiten der Entwürfe freier Mitarbeiter und in der Überwachung dieser Arbeiten im Druck. Ich bin umbruchsicher, ideenreich, ein gewandter Texter und weiß, wie man einen Werbefeldzug erfolgreich ansetzt.

Meine jetzige Stelle bietet mir nicht genug Möglichkeiten zur Entfaltung meiner Fähigkeiten. Deshalb will ich mich verändern.

Ich lege Ihnen einige Arbeitsproben bei, die ich in Text und Bild gestaltet habe. Sie werden - so hoffe ich - bei der Durchsicht zu der Überzeugung kommen, daß meine Leistungen für Sie nutzbringend sein werden.

Ich bin an eine zweimonatige Kündigungsfrist gebunden, so daß ich - falls es noch in diesem Monat zum Vertrag kommt - am ... bei Ihnen anfangen könnte.

Ich halte ein Anfangsgehalt von ... DM für angemessen.

Es würde mich freuen, Gelegenheit zu einer Vorstellung bei Ihnen zu erhalten.

Mit freundlichem Gruß
(Unterschrift)

Anlagen
Lebenslauf
Lichtbild
3 Zeugnissabschriften
7 Arbeitsproben

# Bewerbung eines Vertreters

Hans Hartung
Scheerstraße 45
2300 Kiel

Kiel, 03.05.19..

Wäschefabrik Schlipp & Co
Herrn Schlipp
Postfach ...

6500 Mainz

Sehr geehrter Herr Schlipp,

mit großem Interesse habe ich Ihre Anzeige in der ...-Zeitung vom 01.05.19.. gelesen, in der Sie Vertreter suchen.

Bis vor wenigen Monaten war ich für die Firma ... in Kaiserslautern tätig. Das Arbeitsverhältnis mit diesem Unternehmen habe ich gelöst, weil mir vertraglich keine Provisionen oder Prämien zustanden, obwohl ich im Laufe des letzten Jahres eine Umsatzsteigerung von 100 Prozent in meinem Reisegebiet erreichte.

Augenblicklich vertrete ich mehrere kleine Unternehmen, ohne vertraglich gebunden zu sein.

Ich glaube, daß ich Ihnen im Raum Schleswig-Holstein sehr nützlich sein könnte, weil ich hier in den führenden Häusern unserer Branche eingeführt bin. Ich kenne die von Ihrem Werk hergestellten Waren und weiß, wo und an wen ich sie verkaufen kann. Die Kunden haben Vertrauen zu mir: Meine Auftragsbücher würden Ihnen bestätigen, daß ich fleißig und erfolgreich gearbeitet habe.

Ich bitte Sie deshalb, mir den Bezirk Schleswig-Holstein zur Geschäftsanbahnung und -intensivierung sowie zur Auslieferung Ihrer Waren zu übergeben.

Auskünfte über mich können Ihnen folgende Herren geben:

> Karl Schulz, Einkaufsdirektor der SEMA Warenhaus GmbH, Lützowstraße 7, 2000 Hamburg

> Wilhelm Meier, Mitinhaber der Firma Segebrecht & Meier, Mürwiker Tor 8, 2390 Flensburg.

Wann darf ich mich bei Ihnen vorstellen?

Mit freundlichen Grüßen
(Unterschrift)

## Bewerbung eines schwerbehinderten kaufmännischen Angestellten

Karl Müller
Am Bach 23
8701 Ingolstadt

Ingolstadt, 04.06.19..

Germania-Werke
Personalabteilung

8400 Regensburg

Sehr geehrte Damen und Herren,

vor einigen Tagen habe ich erfahren, daß Sie im Zusammenhang mit der Erweiterung Ihres Werkes neue Arbeitsplätze zu besetzen haben. Weil ich glaube, daß Ihnen meine in 15jähriger kaufmännischer Tätigkeit erworbenen Kenntnisse und Fähigkeiten nützlich sein werden, sende ich Ihnen mit diesem Brief meine Bewerbungsunterlagen.

Die Zeugnisse zeigen Ihnen, daß ich reiche Erfahrungen auf dem Gebiet der Buchhaltung habe.

Als Schwerbehinderter wäre ich Ihnen ganz besonders dankbar, wenn Sie meine Bewerbung aufmerksam prüfen wollten. Trotz der Einschränkung bin ich als kaufmännischer Angestellter im Büro voll einsatzfähig. Ich würde mich freuen, wenn ich mich bei Ihnen vorstellen dürfte.

Mit freundlichem Gruß
(Unterschrift)

Anlagen
Lebenslauf
Lichtbild
2 Zeugnisse

## Bewerbung eines Ingenieurs

Dipl.-Ing. Karl-Heinz Selte
Keithweg 25
4300 Essen
Tel. ....

Essen, 03.05.19..

Rhein-Stahl-AG
Personalabteilung
Postfach ...

5600 Wuppertal 2

Bewerbung auf Ihre Stellenanzeige in der ....Zeitung vom 02.05.19..

Sehr geehrte Herren,

die geforderten Berufserfahrungen habe ich in mehrjähriger Konstruktionstätigkeit auf dem Gebiet des Motorenbaus erworben. Die aus den beigefügten Bewerbungsunterlagen ersichtlichen Einzelheiten über meinen beruflichen Werdegang werden Sie davon überzeugen, daß ich mich für die von Ihnen ausgeschriebene Stelle eines Konstruktionsingenieurs eigne.

In den letzten drei Jahren habe ich in der Herstellung und Entwicklung elektrischer Antriebsausrüstungen vom Einfach- bis zum Mehrfach-Motorenantrieb und von Antriebssteuerungen gearbeitet. Auf diesen Gebieten führte ich auch Prüfstandversuche durch. Als stellvertretender Leiter der Entwicklungsabteilung für Wärme-, Meß- und Regeltechnik konnte ich umfassende fachliche Erfahrungen sammeln, die ich nun in einer selbständigen, verantwortungsvollen und ausbaufähigen Position verwerten möchte.

Da ich mich in ungekündigter Stellung befinde, könnte ich meine neue Arbeit frühestens am 01.08. aufnehmen.

Mit freundlichen Grüßen
(Unterschrift)

Anlagen
Lebenslauf, Lichtbild
Tätigkeitsnachweis
5 Zeugnisabschriften

Referenzen:
Herr Dipl.-Ing. Karl Franz, Emser Platz 4, 4000 Düsseldorf
Herr Direktor Erich Wiedemann, Finkenkrug 7, 4630 Bochum
Herr Prof. Dr. Rehm, Kruppallee 36, 4300 Essen

## Bewerbung eines technischen Zeichners Fachrichtung Hochbau

Julius Steiner
Ruhrstraße 3
4300 Essen

Essen, 02.06.19..

Herrn Dipl.-Ing. Franz Bauer
Hildegardstraße 23

5600 Wuppertal

Sehr geehrter Herr Bauer,

aus der ....-Zeitung vom 01.06... habe ich erfahren, daß Sie einen jüngeren technischen Zeichner für die Ausführung von Bauzeichnungen suchen.

Ich bewerbe mich um diese Stelle, weil ich während meiner 2jährigen Tätigkeit in einem Architektenbüro die entsprechenden Kenntnisse und Fertigkeiten erworben habe. Meine bisherige Aufgabe bestand im Anfertigen von Zeichnungen aller Art, wie Grundriß, Aufriß, Ansichten und Details. An sauberes und schnelles Arbeiten bin ich gewöhnt.

An der Technischen Schule in Essen habe ich meine Fachausbildung erhalten und 19.. die Abschlußprüfung bestanden. Das Zeugnis ist beigefügt. Seit 9 Monaten nehme ich an einem Fernlehrgang des Technischen Lehrinstituts ... in Essen teil, mit dem Ziel, später einmal die Bautechnikerprüfung abzulegen.

Mein beruflicher Werdegang ist aus dem beiliegenden Lebenslauf, meine Leistungen sind aus den Zeugnisabschriften ersichtlich.

Ich wäre Ihnen dankbar, wenn Sie mir einen Termin zur persönlichen Vorstellung mitteilten. Von mir angefertigte Zeichnungen brächte ich dann mit.

Mit freundlichem Gruß
(Unterschrift)

Anlagen
Lebenslauf
Lichtbild
3 Zeugnisabschriften

# Bewerbung eines Fernmeldetechnikers (schwerbehindert)

Martin Sewitz
Karlsstraße 3
1000 Berlin

Berlin, 05.06.19..

(Empfängeranschrift)

Einstellung in den Verwaltungsdienst

Sehr geehrte Damen und Herren,

ich bitte, mich als Verwaltungsangestellten einzustellen. Infolge meiner Behinderung (Armamputation) ist es mir nicht mehr möglich, in meinem erlernten Beruf als Fernmeldetechniker zu arbeiten. Ich strebe daher eine Stelle im Verwaltungsdienst an, in der ich meine Fachkenntnisse verwerten kann. Eine Büroarbeit auf dem Gebiet des Fernmeldewesens würde ich bevorzugen.

Lebenslauf und Zeugnisse, aus denen meine frühere Tätigkeit ersichtlich ist, liegen bei. Ich bin verheiratet und habe drei Kinder, von denen zwei noch die Schule besuchen. Für eine wohlwollende Prüfung meiner Bewerbung wäre ich sehr dankbar.

Mit freundlichem Gruß
(Unterschrift)

Anlagen
Lebenslauf
Lichtbild
4 Zeugnisse

## Bewerbung eines Zahntechnikers

Otto Fuhrmann
Bauerweg 4
4300 Essen

Essen, 05.08.19..

Senat der Freien und Hansestadt Hamburg
Gesundheitsbehörde
Personalabteilung
Ernst-Merck-Straße 9

2000 Hamburg 1

Bewerbung als Zahntechniker
Ihr Inserat in der ... Zeitung vom 04.08...

Sehr geehrte Herren,

während meiner mehrjährigen Tätigkeit als Zahntechniker in der privaten Zahn-Kiefer-Klinik Dr. Müller in Essen fand ich Gelegenheit, meine beruflichen Kenntnisse zu erweitern und zu vertiefen. Ich bin mit der gesamten Kunstharzverarbeitung (Paladon, Palapont und den selbsthärtenden Kunstharzen) und der Verarbeitung von Metallegierungen (Palladium, Silber, Gold, Stahl) vertraut.

Wie Sie aus dem beiliegenden Zwischenzeugnis ersehen können, habe ich im zahntechnischen Labor der Klinik völlig selbständig gearbeitet. Da ich an sauberes Arbeiten gewöhnt bin, war mein Chef, Herr Prof. Dr. med. dent. Fritz Müller (Karlstraße 1-3, 4300 Essen), mit meinen Leistungen stets zufrieden. Er ist von meinen Veränderungswünschen unterrichtet und bereit, Auskunft über mich zu erteilen.

Für eine wohlwollende Prüfung meiner Bewerbung wäre ich dankbar.

Mit freundlichen Grüßen
(Unterschrift)

Anlagen
Lebenslauf
Lichtbild
4 Zeugnisse

## Bewerbung eines Bauingenieurs für den Verwaltungsdienst

Dipl.-Ing. Erich Wohler
Friedrichstraße 34
2800 Bremen

Bremen, 04.05.19..

Stadtverwaltung
Hauptamt

4650 Gelsenkirchen

Bewerbung um die Stelle eines Kreisbaurates
Stellenanzeige in der ...-Zeitung vom ....

Sehr geehrte Damen und Herren,

ich bewerbe mich um die ausgeschriebene Stelle eines Kreisbaurates.

Nach erfolgreichem Abschluß meines Studiums an der TH in Berlin trat ich 19.. in die Märkische Bau-AG ein. In 4jähriger in- und ausländischer Tätigkeit bei dieser Firma erwarb ich mir gründliche Kenntnisse in der Entwurfs- und Planungsarbeit, Kalkulation, Bauleitung und Abrechnung. Im Jahre 19.. wurde ich als Hochbau-Ingenieur bei der Stadtverwaltung Münster i.W. eingestellt. Nach Bestehen der 2. Staatsprüfung für den höheren bautechnischen Verwaltungsdienst übernahm ich als Hauptreferent eine neugegründete Abteilung im Planungsamt Hannover.

Ich wandte mich dann 19.. der privaten Bauwirtschaft zu, in der ich als verantwortlicher Bauleiter Wohnblocks, Büro- und Geschäftshäuser, mehrere gastronomische Bauten und Werkgebäude für die Industrie geschaffen habe. Die beiliegenden Lichtbilder der von mir ausgeführten Bauten mit den Fotokopien der Grund- und Aufrisse geben Ihnen einen guten Einblick in meine bisherige Tätigkeit. Aus den übrigen Unterlagen sind Einzelheiten meines beruflichen Werdeganges ersichtlich.

Es ist mein Wunsch, in die kommunale Verwaltung zurückzukehren und verantwortungsvoll an der städtebaulichen Gestaltung mitzuarbeiten.

Mit freundlichem Gruß
(Unterschrift)

Anlagen
Lebenslauf
Lichtbild
5 Zeugnisabschriften
Dienstzeitbescheinigung
12 Fotos
9 Fotokopien

## Bewerbung eines Bauschlossers (bald ohne Stelle)

Willi Bante
Gloriastraße 7
4690 Herne

Herne, 05.06.19..

Düsseldorfer Hochbau-AG
Personalabteilung

4000 Düsseldorf

Bewerbung als Bauschlosser

Sehr geehrte Damen und Herren,

auf dem hiesigen Arbeitsamt las ich am Schwarzen Brett Ihr Stellenangebot, in dem Sie auch einen Bauschlosser suchen.

Ich habe die 3jährige Lehrzeit mit der Abschlußnote "gut" beendet und arbeite seit 9 Monaten bei der Bauschlosserei Bauwag & Co. in Herne. Mein bisheriges Arbeitsgebiet umfaßte das Herstellen der einzelnen Teile für Konstruktionen aus Formstahl, Feinblechen und Rohren, Zusammenbauen durch Autogen- und Elektroschweißverfahren und Einbauen von Verbund- und Versenkfenstern, von Schlössern und Türen auf den Baustellen.

Ich bin 23 Jahre, ledig, nicht ortsgebunden, gesund und kräftig. An gutes und fleißiges Arbeiten bin ich gewöhnt. Meine jetzige Stellung muß ich am 31.07.19.. wegen Auftragsrückganges aufgeben.

Darf ich Sie zu einer persönlichen Vorstellung aufsuchen?

Mit freundlichen Grüßen
(Unterschrift)

Anlagen
Lebenslauf
Lichtbild
2 Zeugnisse
Zwischenzeugnis

## Bewerbung eines Feinmechanikers

Kurt Wohlers
Bachstraße 30
8500 Nürnberg

Nürnberg, 03.07.19..

Kamerawerke ABRO
Personalabteilung
Postfach

7000 Stuttgart

Bewerbung als Feinmechaniker
Ihre Anzeige in der ....Abendzeitung vom 01.07...

Sehr geehrte Damen und Herren,

als gelernter Feinmechaniker kann ich Ihre beruflichen Anforderungen erfüllen. In den beiden letzten Jahren arbeitete ich in der Reparaturabteilung einer namhaften Firma des Photohandels. Hier habe ich mir gründliche Kenntnisse in allen Sparten der Kameramontage erworben. Ich kenne die gängigen Verschluß- und Transportarten und bin im Justieren, Fassen und Einbauen von Linsen erfahren.

Aus den beiliegenden Zeugnissen ersehen Sie, daß ich mich in ein neues Aufgabengebiet schnell und sicher einarbeiten kann. Fleiß, Umsicht und gutes Geschick werden mir bescheinigt.

Ich glaube, für Ihre Aufgabe geeignet zu sein, und würde mich freuen, wenn ich in Ihrem Unternehmen mein Können beweisen dürfte.

Mit freundlichen Grüßen
(Unterschrift)

Anlagen
Lebenslauf
Lichtbild
3 Zeugnisabschriften

## Bewerbung eines Graphikers (Anfangsstelle)

Karl Zeichen
Franklinstraße 5
3200 Hildesheim

Hildesheim, 05.07.19..

(Empfängeranschrift)

Kennziffer: MB 465

Ihre Anzeige in der ....Zeitung vom ....
"Graphiker von größerem Werbeunternehmen gesucht"

Sehr geehrte Damen und Herren,

Ihre Stellenausschreibung interessiert mich, weil ich vor kurzem eine 8semestrige Ausbildung an der Werkkunstschule in .... mit dem Staatsexamen abgeschlossen habe und nun eine Anfangsstelle suche.

Die einschlägigen Arbeiten auf dem Gebiet der Gebrauchsgraphik kann ich sicher, sauber und schnell ausführen. Meine Stärke liegt in der Industrie- und Markenartikelwerbung im künstlerischen Entwurf unter Berücksichtigung der werbepsychologischen Gesichtspunkte.

Ich lege Ihnen mehrere Arbeitsproben bei, die Sie, wie ich hoffe, von meinem Können überzeugen werden. Jeder dieser Entwürfe ist von dem entsprechenden Unternehmen bereits gekauft worden und damit erfolgreich gewesen.

Die Tätigkeit könnte ich sofort aufnehmen.

Ich wäre Ihnen dankbar, wenn ich mich bei Ihnen vorstellen dürfte.

Mit freundlichen Grüßen
(Unterschrift)

Anlagen
Lebenslauf
Lichtbild
2 Zeugnisabschriften
8 Arbeitsproben

## Bewerbung eines Photographen

Günther Birgel
Birkenstraße 34
6800 Mannheim
Tel. ....

Mannheim, 04.06.19..

Wochenillustrierte....
Personalabteilung
Postfach

6700 Ludwigshafen

Bewerbung als Pressephotograph - Ihre Anzeige vom 02.06...

Sehr geehrte Damen und Herren,

gestatten Sie mir, Ihre Aufmerksamkeit auf die beigefügten Lichtbilder zu lenken. Bei der Durchsicht werden Sie, wie ich hoffe, zu der Überzeugung kommen, daß mein photographisches Können Ihren Anforderungen entspricht.

Ich habe Ihnen eine Kollektion meiner besten Arbeiten zusammengestellt. Die Bilder 3, 14 und 17 sind bei Photowettbewerben ausgezeichnet, die anderen fast durchweg in Illustrierten und Werbeschriften veröffentlicht worden.

Meinen beruflichen Werdegang entnehmen Sie bitte den beiliegenden Zeugnissen und dem Lebenslauf. Aus diesen Unterlagen geht hervor, daß ich nicht nur photographieren kann, sondern auch die notwendigen Laborkenntnisse im Schwarzweiß- und Colorverfahren habe.

Ich bin 27 Jahre, spreche gut Englisch und besitze den Führerschein der Klasse 3. Augenblicklich arbeite ich als selbständiger Modephotograph, möchte aber diese Tätigkeit aufgeben, weil sie mir zu eng gefaßt erscheint.

Die beigefügten Lichtbilder erbitte ich per Einschreiben zurück. Rückporto ist beigefügt. Bitte rufen Sie mich unter meiner oben angegebenen Rufnummer an, wenn ich bei Ihnen vorsprechen darf.

Mit freundlichen Grüßen
(Unterschrift)

Anlagen
Lebenslauf mit
Lichtbild
3 Zeugnisabschriften
17 Arbeitsproben
Rückporto für
Einschreiben

## Bewerbung eines LKW-Fahrers

Karl Schulz
Am Löwen 13
7000 Stuttgart

Stuttgart, 03.04.19..

(Empfängeranschrift)

Kennziffer: SK 76
Lkw-Fahrer Raum Köln-Koblenz gesucht
Ihre Anzeige vom 02.04... in der ... Zeitung

Sehr geehrte Damen und Herren,

in Ihrem Stellenangebot suchen Sie einen Fernfahrer, der absolut fahrsicher ist, seinen Lastzug pflegen und notfalls reparieren kann.

Diese Voraussetzungen erfülle ich, da ich - wie Sie aus dem beiliegenden Zeugnis ersehen können - eine gründliche Fahrausbildung bei der ... Verkehrsgesellschaft genossen habe. Von dort bin ich nach dreijähriger unfallfreier Fahrzeit zur Spedition "Letter-Trans" in Stuttgart gewechselt, weil meine Frau dort ein Haus besitzt. Aus persönlichen Gründen möchte ich nun wieder in den Raum Köln/Koblenz ziehen.

Ich bin jung, kräftig, widerstandsfähig und trinke keinen Alkohol. Ohne mich selbst zu überschätzen, darf ich sagen, daß ich auch bei längeren Fahrten kaum ermüde und meine Belastungsgrenze sehr genau kenne. Das werden Ihnen meine jetzigen Arbeitgeber, Herr Lucas Manfred und Herr Werner Friedrich von der "Letter-Trans" gerne bestätigen.

Ich bin gemäß Tarifordnung an eine einmonatige Kündigungsfrist gebunden, so daß ich frühestens am 01.06.19.. bei Ihnen anfangen könnte.

Mit freundlichen Grüßen
(Unterschrift)

Anlagen
Lebenslauf mit Lichtbild
2 Zeugnisabschriften

## Bewerbung eines Verkaufsleiters

Willi Kölling
Am Rathaus 4
6000 Frankfurt

Frankfurt, 03.05.19..

(Empfängeranschrift)

Chiffre: AS 453
Ihre Anzeige im ... vom 02.05.19..
"Verkaufsleiter von Unternehmen der Maschinenindustrie gesucht"

Sehr geehrte Damen und Herren,

die in Ihrer Stellenanzeige gewünschten Berufserfahrungen habe ich in über 15jähriger Tätigkeit im industriellen Verkaufswesen gesammelt.

Die beigefügten Zeugnisse berichten über meine Ausbildung und meine verschiedenen Stellen. In meiner jetzigen Tätigkeit als Industriekaufmann habe ich die Verbindungen mit in- und ausländischen Kunden zu pflegen und zu intensivieren. Ich führe die Verhandlungen zur Eröffnung neuer Absatzgebiete und plane den Verkauf aufgrund der Marktanalysen. Durch steten Kontakt mit den Kunden habe ich in Zusammenarbeit mit Labor und technischer Produktion das Fertigungsprogramm der Firma von der Verkaufsseite her ergänzt und angeregt. Ich habe gründliche Kenntnisse im Vertrags- und Werberecht, umfassende Erfahrungen im Steuer- und Kreditwesen, weiß über Exportgeschäfte und Devisenbestimmungen Bescheid und kann selbständig den Absatz organisieren und steigern.

Ich spreche gut Englisch und besitze den Führerschein Klasse 3.

Zur Zeit arbeite ich in ungekündigter Stellung in einem Industriebetrieb der Werkzeugmaschinenbranche. Da mir dieses Unternehmen in absehbarer Zeit keine Entwicklungsmöglichkeiten bieten kann, möchte ich mich verändern.

Darf ich die Einzelheiten in einem persönlichen Gespräch mit Ihnen klären?

Mit freundlichen Grüßen
(Unterschrift)

<u>Anlagen</u>
Lebenslauf
Lichtbild
Tätigkeitsnachweis
Zeugnisabschriften

## Bewerbung als Exportsachbearbeiter

Hans Wegener
Karlstraße 27
4000 Düsseldorf

Düsseldorf, 06.11.19..

(Empfängeranschrift)

Anzeige GH 4516 in der FAZ-Anzeige vom ...

Sehr geehrte Damen und Herren,

Sie suchen einen Ländersachbearbeiter mit guter Allgemeinbildung, Exporterfahrung und gründlichen Sprachkenntnissen. Ich glaube, daß meine Fähigkeiten Ihren Wünschen entsprechen.

In den Jahren 1973 bis 1979 bin ich als Exportsachbearbeiter bei der Hausendorf KG in Leverkusen tätig gewesen. Seitdem arbeite ich ungekündigt als Korrespondent und technischer Übersetzer in einer großen Textilwarenfabrik im Raum Düsseldorf. Leider habe ich dort kaum Aufstiegsmöglichkeiten, so daß ich einen Wechsel, der nach der gesetzlichen Kündigungsfrist frühestens zum 1. Januar erfolgen könnte, begrüßen würde. Mein jetziges Gehalt beträgt ... DM. Nebenberuflich schreibe ich Texte und Übersetzungen für die internationale Fachzeitschift "Die Maschine".

Zu Ihrer Prüfung füge ich eine Handschriftenprobe, einen Lebenslauf in Stichworten, Zeugnisabschriften und ein Lichtbild bei. Über mich und meine Fähigkeiten werden Ihnen gern Auskunft geben:

> Herr Felix Martin, Chefredakteur der Fachzeitschrift "Die Maschine", Köln, Lederweg 12
>
> Herr Dr. Fritz Wohning, Leiter des Institus für Fremdsprachen in Düsseldorf, Oskarstraße 87.

Ich kann mich jederzeit bei Ihnen vorstellen.

Mit freundlichem Gruß
(Unterschrift)

Anlagen

**Beim Aufsetzen des Bewerbungsbriefes beachten Sie bitte folgendes:**

- Din-A4-Format benutzen!
- Unsauberes, zerknittertes Papier, Radierungen, Streichungen, Verbesserungen lassen eine Bewerbung von vornherein in ungünstigem Licht erscheinen!
- Rechtschreibung und Zeichensetzung müssen einwandfrei sein, das heißt in Übereinstimmung mit dem Duden.
- Auf das Stellenangebot Bezug nehmen!
- Nicht alle Kenntnisse aufführen, sondern nur diejenigen, die für die betreffende Arbeit wichtig sind!
- Geforderte Kenntnisse, Berufserfahrungen und Fähigkeiten möglichst genau angeben, damit die Eignung deutlich ersichtlich ist!
- Alle persönlichen Angaben, die mit der Stellung nichts zu tun haben, trotzdem aber wichtig sind, im Lebenslauf unterbringen!
- Wer in mehreren Stellungen gearbeitet hat, gebe sie nicht im Bewerbungsbrief, sondern im Lebenslauf oder einem besonderen Tätigkeitsnachweis an!
- Ungünstige Angaben vermeiden, aber nicht täuschen!
- Nicht an das Mitleid appellieren!
- Kein Selbstlob! Es wirkt meistens abstoßend und erweckt Mißtrauen!
- Der Ton sei höflich und selbstbewußt. Aufdringliche und marktschreierische Reklame aber vermeiden!

## Ausbildungsstellen

Bewerbungen um eine Anfangsstellung können, wenn eine fachliche Berufsausbildung (Studium, Handelsschule, technische Kurse) abgeschlossen wurden, ähnlich aufgesetzt werden, wie es die bisher gebrachten Beispiele gezeigt haben.
Anders muß man vorgehen, wenn eine Berufsausbildung noch nicht begonnen hat, also z. B. bei Bewerbungen um eine Ausbildungsstelle. Zwar kann man auf die Schulleistungen hinweisen. Daraus ist aber nicht in jedem Fall ersichtlich, ob man den späteren beruflichen Anforderungen auch wirklich gewachsen ist. Es empfiehlt sich daher stets, seine Eignung herauszustreichen. Dies kann erreicht werden, indem man von einer guten Gesundheit spricht, von besonderem Interesse an der betreffenden Arbeit oder indem man schon auf kleine Erfolge, die mit dem Fachgebiet in Zusammenhang stehen, hinweist. Allgemeingültige Muster hierfür können nicht gebracht werden, weil sie für jeden Beruf und jede Person verschieden sein müßten.

## Bewerbung um eine Ausbildungsstelle für den Beruf der Köchin

Traute Pohl
Karwendelstraße 13
8102 Mittenwald

Mittenwald, 03. 06. 19...

Herrn Eduard Gamshuber
Gasthof »Zum Goldenen Horn«

8102 Mittenwald

Sehr geehrter Herr Gamshuber,

im Juli beende ich den Besuch der hiesigen Hauptschule und möchte dann gerne den Beruf der Köchin erlernen. Ob Sie mich als Auszubildende in Ihrem Gasthof einstellen würden?

Damit Sie sich ein Bild von meinen Leistungen machen können, lege ich eine Abschrift des letzten Schulzeugnisses bei. Wie in der Schule werde ich auch bei Ihnen stets pünktlich und fleißig sein, damit Sie mit meiner Arbeit zufrieden sind und ich bald eine gute Köchin werde.

Bitte teilen Sie mir mit, wann ich mich bei Ihnen vorstellen darf.

Mit freundlichen Grüßen
(Unterschrift)

Anlagen
Lebenslauf
Lichtbild
Letztes Schulzeugnis

## Bewerbung um eine Ausbildungsstelle für den Beruf des Industriekaufmannes

Hans Thielmann
Binder Straße 23
5000 Köln

Köln, 05. 06. 19...

Kölner Maschinenbau-KG
Personalabteilung

5000 Köln

Bewerbung um eine Ausbildungsstelle für den Beruf des Industriekaufmannes

Sehr geehrte Damen und Herren,

nach Abschluß der Höheren Wirtschaftsschule in ... suche ich eine Ausbildungsstelle für den Beruf des Industriekaufmannes. Ich sende Ihnen meine Bewerbungsunterlagen mit der Bitte, mich bei der Besetzung von Ausbildungsstellen zu berücksichtigen.

Wie aus dem beiliegenden Abschlußzeugnis der Wirtschaftsschule ersichtlich ist, habe ich in allen Fächern gute Leistungen erzielt. In Abendlehrgängen am Fremdspracheninstitut ... erweiterte und vertiefte ich meine englischen und französischen Sprachkenntnisse.

Den Beruf des Industriekaufmannes strebe ich an, weil ich hier meine fremdsprachlichen und technischen Neigungen am erfolgreichsten verwerten könnte.

Ich wäre Ihnen dankbar, wenn Sie mir den Termin für eine persönliche Vorstellung mitteilen würden.

Mit freundlichen Grüßen
(Unterschrift)

Anlagen
Lebenslauf
Lichtbild
2 Zeugnisse

**Bewerbung um eine Ausbildungsstelle für den Beruf des Buchhändlers**

Erich Bredow
Elisabethstraße 52
6000 Frankfurt

Frankfurt, 12.07.19...

Buchhandlung Bücher & Drucker
Herrn Bücher
Moselstraße 20

6000 Frankfurt

Sehr geehrter Herr Bücher,

vor wenigen Wochen verließ ich nach erfolgreichem Abschluß der 6. Klasse die hiesige Albrechtschule und möchte nun einen Beruf ergreifen. Ich habe den Wunsch, Buchhändler zu werden. Ob Sie mich in Ihrem Hause als Auszubildenden einstellen können?

Eine Abschrift meines Schulentlassungszeugnisses lege ich Ihnen bei. Ich habe in allen Fächern befriedigende Leistungen erzielt. Meine besondere Neigung gilt der Literatur.

Ich glaube, daß ich auf allen Gebieten des Buchhandels – in kaufmännischen Arbeiten, in der Verwaltung, Werbung, Korrespondenz, besonders auch in der Bedienung der Kunden – Gutes leisten kann.

Bitte geben Sie mir die Chance, bei Ihnen zu lernen. Für die Aufforderung zu einer persönlichen Vorstellung wäre ich Ihnen dankbar.

Mit freundlichem Gruß
(Unterschrift)

Anlagen
Lebenslauf
Lichtbild
Zeugnis

**Bewerbung um eine Ausbildungsstelle für den Beruf des Zimmermanns**

Otto Grotemann
Am Ufer 10
2150 Buxtehude

Buxtehude, 21. 07. 19...

Herrn
Felix Bach
Störtebekerstraße 27

2150 Buxtehude

Sehr geehrter Herr Bach,

aufgrund Ihrer gestrigen Unterredung mit meinem Vater sende ich Ihnen meine Bewerbungsunterlagen und bitte Sie, mich in Ihrem Geschäft als Auszubildenden für den Beruf des Zimmermanns einzustellen.

In meinem erwählten Beruf würde ich Freude haben und Gutes leisten können. In der Werkstatt meines Vaters habe ich schon bei einschlägigen Arbeiten geholfen, so daß ich schon ein bißchen Berufserfahrung mitbringe und mit dem Werkzeug umzugehen verstehe. Ich werde alle Arbeiten zu Ihrer Zufriedenheit erledigen und stets gewissenhaft und fleißig sein.

Mein Schulentlassungszeugnis lege ich Ihnen als Kopie bei.

Bitte teilen Sie mir mit, wann ich mich bei Ihnen vorstellen darf.

Mit freundlichen Grüßen
(Unterschrift)

<u>Anlagen</u>
Lebenslauf
Zeugnis

## Bewerbung um eine Praktikantenstelle

Friedrich Freiwald
Bismarckallee 5
2000 Hamburg

Hamburg, 23. 06. 19...

Karl Friedrich Schlüter KG
Baugeschäft
Friedrichstraße 45

2000 Hamburg 50

Bewerbung um eine Praktikantenstelle

Sehr geehrter Herr Schlüter,

nach erfolgreichem Abschluß des technischen Zweiges der ... schule in ... habe ich mir den Beruf des Bauingenieurs erwählt und suche nun eine Praktikantenstelle. Ich bitte Sie zu prüfen, ob Sie mir in ihrem Unternehmen eine derartige Stelle zuweisen können. Ab ... nächsten Jahres will ich eine höhere technische Lehranstalt besuchen. Ganz besonders dankbar wäre ich Ihnen, wenn Sie mir im Laufe meiner Tätigkeit recht vielseitige Aufgaben stellen könnten, damit ich in die einzelnen Sparten des Bauwesens Einblick gewinne.

Wann darf ich mich bei Ihnen vorstellen?

Mit freundlichem Gruß
(Unterschrift)

## Beachtenswertes für künftige Auszubildende

Wenn die Berufswahl entschieden ist, muß sich der Auszubildende im Laufe seines letzten Schuljahres beim Arbeitsamt für eine Ausbildungsstelle vormerken lassen. Oftmals kann eine Ausbildungsstelle auch durch die geschäftlichen oder persönlichen Beziehungen der Eltern gefunden werden, so daß der Gang zum Arbeitsamt entfällt.
Alle diejenigen, die sich noch nicht über ihre künftige Arbeit klargeworden sind, mögen sich über die einzelnen Berufe durch Werkbesichtigungen, Fachzeitschriften, Fachbücher und die Berufsberatung unterrichten lassen. Besonders zu empfehlen ist der Gang zur Berufsberatung, da man hier objektive Auskunft erhält, welche Zukunftsaussichten die verschiedenen Berufszweige haben und welche Aufstiegsmöglichkeiten bestehen. Für die einzelnen Ausbildungs- und Anlernberufe gibt es amtlich anerkannte Berufsbilder.
Da sie über Inhalt und Umfang der Berufsausbildung Aufschluß geben, versäume man nie, sich bei der Wahl eines Berufes zu unterrichten. Auskunft über die Bezugsquellen erteilen Buchhandlungen und Schreibwarengeschäfte, in denen es Ausbildungsverträge zu kaufen gibt, oder die Industrie- und Handels- und die Handwerkskammer. Manchmal wird einem Schulentlassenen eine Arbeit angeboten, für die er erheblich mehr Geld erhält, als wenn er Auszubildender wäre, z. B. bei einem Angebot als Hilfsarbeiter. Es ist hierbei zu bedenken, daß es auf die Dauer gesehen sehr viel vorteilhafter ist, einen Beruf erlernt zu haben. Als Handwerksgeselle oder gar als Meister stehen einem heute sehr viele Entwicklungsmöglichkeiten offen. Man kann eine gutbezahlte Stellung in der Industrie erhalten, sich selbständig machen oder eine Fachschule besuchen und dort ein Techniker- oder Ingenieurexamen bestehen. Der Auszubildende kann in wenigen Jahren – wenn er sich bewährt und über dem Durchschnitt stehende Leistungen erzielt – Techniker oder Ingenieur werden.
Dem Hilfsarbeiter jedoch, der mit 16 oder 17 Jahren den dreifachen Verdienst eines Auszubildenden erhielt, wird nur in seltenen Fällen eine derartige Aufstiegsmöglichkeit gegeben. Es empfiehlt sich daher stets, eine von den Fachorganisationen und Behörden anerkannte Berufsausbildung zu durchlaufen.

## Die »blinde« Bewerbung

Unter einer »blinden« Bewerbung versteht man eine unverlangte Bewerbung. In dem Kapitel »Auf Stellensuche« hatten wir sie unter 2. aufgeführt. Jetzt wollen wir darauf noch etwas genauer eingehen. Es lohnt sich nämlich. Im Bereich der »blinden« Bewerbung können wir zwischen Einzelbewerbung und Massenbewerbung unterscheiden. Um eine Einzelbewerbung handelt es sich, wenn Sie eine ganz bestimmte Firma oder einige wenige bestimmte Firmen im Auge haben. Unter dem Begriff der Massenbewerbung versteht man das Ansprechen eines großen Kreises von Unternehmen bestimmter Art. Nehmen wir an, Sie wollten als Verkaufskorrespondent in einer Firma der chemischen, der pharmazeutischen oder der kosmetischen Industrie arbeiten. Wenn Sie nun an 100 oder 200 oder noch mehr Firmen schrieben: würden Sie damit die Chancen, ein wirklich gutes Angebot zu bekommen, nicht sehr erhöhen?

Nun ergibt sich jedoch eine Schwierigkeit. Sie dürfen diesen Firmen nämlich keine Durchschläge Ihres Bewerbungsbriefes schicken: es muß immer ein Originalbrief sein. Und Hunderte von Briefen selbst tippen? Keine Angst, die Technik weiß eine Lösung. Sie können wie folgt vorgehen: Aus einem Adressenverlag besorgen Sie sich die gewünschten Anschriften. Mit diesen Anschriften und dem Text ihres Bewerbungsbriefes gehen Sie in ein Schreibbüro, das einen Personal Computer hat. Dort wird Ihr Brief nur einmal auf diesem PC geschrieben, und dabei wird der Text gespeichert. Alle weiteren Briefe schreibt der Computer allein, und zwar mit wesentlich erhöhter Schreibmaschinengeschwindigkeit. Die Adressen muß die Bedienungskraft entweder jeweils einfügen, oder aber – viel eleganter – sie werden ebenfalls gespeichert und dann von der Maschine automatisch in die Briefe eingefügt. Die Briefe, die so entstehen, sind von handgetippten Briefen nicht zu unterscheiden, weil sie ja tatsächlich von einer Schreibmaschine, einem Nadel- oder Laserdrucker geschrieben worden sind – nur eben automatisch.

Natürlich kostet dieses Bewerbungsverfahren etwas. Aber wenn Sie bedenken, wie entscheidend Ihre nächste Stelle für Ihr ganzes weiteres Leben sein kann, ist dieser Aufwand gering. Für den Fall, daß Sie selbst einen Personal Computer besitzen, um so besser: Damit sparen Sie Zeit und auch das Schriftbild kann sich sehen lassen.

Noch ein Hinweis zur »blinden« Einzelbewerbung: Woher bekommt man Adressenmaterial? Hier lohnt es nicht, einen Adressenverlag einzuschalten, denn Sie wollen ja nur einige Anschriften haben. Also: Branchenverzeichnisse, Branchentelefonbücher, Einkaufsquellenverzeichnisse, Ausstellungskataloge, Fachzeitschriften, Handelszeitungen, Illustrierte und Wochenzeitungen, in denen viele Firmen werben. Sie sehen: Kein Problem!

# Anlagen zum Bewerbungsbrief

## Der Lebenslauf

Der Lebenslauf hat meistens zwei Aufgaben zu erfüllen. Er soll 1. als Handschriftprobe dienen, und er soll 2. über den Lebensweg, vor allem den Berufsweg, Auskunft erteilen. Damit ist er oft überfordert.

Stellen Sie sich bitte vor, jemand erhält auf eine Anzeige 20, 40 oder 100 Bewerbungen. Er muß beim Prüfen und Vergleichen immer wieder auf Einzelheiten des Lebenslaufes zurückkommen, und um das zu können, muß er immer wieder in Handschrifttexten die für ihn entscheidenden Stellen suchen. Wieviel leichter hätte er es, wenn man maschinengeschriebene tabellarische Lebensläufe schickte!
Außerdem, wenn die handgeschriebenen Lebensläufe von Graphologen untersucht werden sollen, fehlen sie in dieser Zeit dem Personalsachbearbeiter.
Die Lösung liegt in der Zweiteilung: Schicken Sie, wenn es ausdrücklich verlangt ist,

a) einen ganz kurz gefaßten handgeschriebenen Lebenslauf

und auf jeden Fall

b) einen maschinengeschriebenen tabellarischen Lebenslauf.

Anlage a) dient dann als Schriftprobe, Anlage b) gibt in übersichtlicher Form über den Lebens- und Berufsweg Auskunft.

Bei solcher Zweiteilung könnte die Handschriftprobe so aussehen:

*Lebenslauf*

*Ich bin am 29. September 19.. in Stettin geboren. Nach dem Schulbesuch bis zur mittleren Reife, einer viersemestrigen Ausbildung an einer höheren Wirtschaftsschule, nach Wehrdienst und Kriegsgefangenschaft absolvierte ich bei einer Kieler Maschinenfabrik eine Lehre als Industriekaufmann. Danach wurde ich als Buchhalter und Korrespondent eingesetzt. 1953 wechselte ich zur Hermes-AG in Hamburg; dort bin ich bis heute als Stellvertreter des Werbeleiters tätig.*

*Seit 19.. bin ich verheiratet; wir haben zwei Kinder.*

(Datum, Unterschrift)

Sie sehen, die Angaben in diesem handgeschriebenen Lebenslauf sind keineswegs ausführlich; sie brauchen es nicht zu sein, weil die Aufgabe, ausführlich zu informieren, der tabellarische Lebenslauf übernimmt. Dieser maschinengeschriebene tabellarische Lebenslauf könnte wie folgt aufgebaut sein:

## Lebenslauf in Stichworten

| | |
|---|---|
| Name | Hans Schneider |
| Geburtstag | 12.09.1945, Köln |
| Staats-angehörigkeit | deutsch |
| Familienstand | verheiratet, 2 Kinder |
| Schulausbildung | |
| 1951 - 1954 | Volksschule, Köln |
| 1954 - 1959 | Arnold-Gymnasium, Köln: Mittlere Reife |
| 1960 - 1961 | Höhere Handelsschule, Köln |
| Bundeswehr | |
| 1961 - 1965 | Dienstgrad Oberfeldwebel |
| Berufs-ausbildung | |
| 1966 - 1967 | zweijährige Lehre Industriekaufmann bei der Firma Haberkorn in Köln, Gesamtnote "gut" |
| Berufstätigkeit | |
| 1968 - 1973 | weiterhin bei der Firma Haberkorn in Köln, zunächst in der Buchhaltung, dann im Verkauf |
| 1973 | Um meine Kenntnisse zu erweitern, trat ich am 01.09.1973 in die Hermes AG in Bonn ein. Ich bin dort, als Stellvertreter des Verkaufsleiters, in ungekündigter Stellung tätig. |
| Berufs-erfahrungen | Gründliche Kenntnisse auf den Gebieten Buchhaltung, Devisen- und Zahlungsverkehr, Steuerwesen, Verkauf, Marktforschung und Werbung |

| | |
|---|---|
| Sprach-<br>kenntnisse | gute Englischkenntnisse, vor allem Wirtschaftsenglisch; ausbaufähige Französischkenntnisse |
| Führerschein | Klasse 3 |

(Datum,
Unterschrift)

Man kann diesen stichwortartigen Lebenslauf auch anders aufbauen, indem man zum Beispiel links nur die wichtigen Stichworte herausrückt:

| | | |
|---|---|---|
| Schul-<br>ausbildung | 1951 - 1954 | Volksschule, Köln |
| | 1954 - 1959 | Arnold-Gymnasium, Köln |
| | 1960 - 1961 | Höhere Handelsschule, Köln |
| Bundeswehr | 1961 - 1965 | Dienstgrad Oberfeldwebel |

Bei der Formulierung heißt es übrigens aufpassen, denn Stichwort links und Einzelheiten rechts müssen auch sprachlich zusammenpassen. Es wäre beispielsweise unlogisch, dies zu schreiben:

| | | |
|---|---|---|
| Name | Hans Schneider | |
| geboren am | 29.09.1945 | |
| ich bin | Deutscher | |
| Schul-<br>ausbildung | 1951 - 1954 | Volksschule, Stettin |

Diese Angaben passen nicht zueinander; sie sind formal völlig verschieden. So geht es aber auch:

| | |
|---|---|
| Ich heiße | Hans Schneider |
| Ich bin<br>geboren am | 29.09.1945 |
| Ich habe<br>die Staats-<br>angehörig-<br>keit | deutsch |

Noch ein Wort zum handgeschriebenen Lebenslauf: Wenn Sie auf einen maschinengeschriebenen Lebenslauf verzichten, müssen die Angaben so ausführlich sein wie in diesem Beispiel, denn der handgeschriebene Lebenslauf muß ja die Auskünfte des maschinengeschriebenen Lebenslaufes mit erfassen.

## Zeugnisse

Der Bewerbung sind Zeugnisse beizufügen. Originale sollte man auf keinen Fall aus der Hand geben, da sie verlorengehen oder beschädigt zurückkommen könnten. Jede Abschrift ist auf einem Blatt in A4-Format zu fertigen. Es empfiehlt sich im allgemeinen nicht, zwei Zeugnisse auf einem einzigen Blatt unterzubringen. Dieses Verfahren käme nur dann in Frage, wenn ein kurzes, aber aufschlußreiches Zwischenzeugnis ein anderes inhaltlich ergänzen sollte.
Es ist nicht notwendig, die Abschriften beglaubigen zu lassen, weil sie fast immer später mit dem Original verglichen werden. Sollten einmal ausdrücklich beglaubigte Abschriften verlangt werden, muß diesem Wunsch natürlich entsprochen werden. Jedes Polizeirevier, das Ordnungsamt, der Pfarrer oder in kleineren Orten der Bürgermeister, beglaubigt die Übereinstimmung mit der Urschrift; die Gebühr ist gering.
Bei einer großen Bewerbungsaktion benutzen Sie am besten Kopien der Zeugnisse. Vor dem Versand müssen sie auf ihre Lesbarkeit und Sauberkeit geprüft werden. Dies gilt auch für die mit der Schreibmaschine gefertigten Schriftstücke. Fotokopien sind den Abschriften vorzuziehen, denn sie geben den Eindruck des Zeugnisses wieder und gestalten dadurch die Unterlagen abwechslungsreicher und ansprechender.
Der Bewerbung sollen Abschriften sämtlicher Abschlußzeugnisse beigefügt werden. Sollte sich hierunter eines mit einer negativen Beurteilung finden, läßt man es am besten weg. Wenn es jedoch vermißt wird und man aufgefordert wird, es vorzulegen, muß man dem natürlich folgen. Es nützt wenig, Ausflüchte zu ersinnen – etwa, daß es verlorengegangen sei –, denn fast immer kann man Erkundigungen einziehen. Fallen diese negativ aus, droht die Entlassung; nicht so sehr wegen der schlechten Beurteilung selbst als vielmehr wegen der bewiesenen Unehrlichkeit.

## Dienstzeitbescheinigungen

Bei jedem Stellenwechsel sollte man sich ein Leistungszeugnis ausstellen lassen, das genaue Angaben über Art und Umfang der verrichteten Arbeit enthalten muß. Sollte es schlechte Beurteilungen enthalten, verlange man eine Dienstzeitbescheinigung, mit der man bei Bewerbungen die Dauer einer Tätigkeit nachweisen kann.

## Das Lichtbild

Das Lichtbild darf nicht abgenutzt, veraltet oder verschwommen sein. Es empfiehlt sich ein Kopf- oder Brustbild in der Größe des Paßbildes. Finger weg von Automatenfotos: die meisten davon würden sich auf einem Steckbrief gut machen, aber niemals in einem Bewerbungsbrief. Das Format 6 x 9 cm zu überschreiten ist nur in Ausnahmefällen angebracht, denn es betont das Äußere des Bewerbers zu sehr. Jeder Bewerbung sollte ein Lichtbild beigefügt werden, ganz gleich, ob es verlangt worden ist oder nicht. Sie können es im Klarsichttütchen beilegen, mit einer Büroklammer befestigen oder auf den Brief oder den Lebenslauf kleben (oben rechts oder links). Ihren Namen und Ihre Adresse schreiben Sie auf die Rückseite, damit man es wieder zuordnen kann, wenn es sich von den Unterlagen gelöst hat.

## Arbeitsproben

Den Mitbewerbern ist derjenige überlegen, der seinen Bewerbungsunterlagen Arbeitsproben beifügen kann. Sie beweisen das eigene Können besser als lange theoretische Ausführungen und zeigen an Beispielen, was man leistet.
Zu einigen Berufen, zum Beispiel in künstlerischen, sind stets eigene Arbeiten einzusenden. Es können gute, selbstentworfene Anzeigen, Plakate, Zeichnungen, Entwürfe, Pläne, Lichtbilder oder eigene Zeitungsartikel sein. Es dürfen nur hochwertige Beweise des eigenen Könnens in sauberem Zustand verwandt werden. Hierher gehören auch Leistungsbeweise, die uns von anderen erteilt worden sind, z. B. errungene Preise bei Wettbewerben oder gute Kritiken der Presse.

## Graphologisches Gutachten

Wird bei einem Stellenangebot eine handgeschriebene Bewerbung, Handschriftenprobe oder ein handgeschriebener Lebenslauf verlangt, müssen Sie damit rechnen, daß der Betrieb ein graphologisches Gutachten einholt. Die früher vertretene Ansicht, aus der Handschrift ließen sich keine Rückschlüsse auf Charaktereigenschaften ziehen, sind durch die Praxis widerlegt worden.
Wer eine schlechte, unentwickelte Handschrift hat, braucht trotzdem keine Angst zu haben, wegen einer ungünstigen graphologischen Beurteilung nicht in die engere Wahl der Bewerber zu kommen. Letzten Endes wird man sich für denjenigen entscheiden, der das beste fachliche Können nachgewiesen hat. Erstklassige Zeugnisse sind wichtigere Anhaltspunkte als ein graphologisches Gutachten. Um einer schlechten Beurteilung die Spitze zu nehmen, kann den Bewerbungsunterlagen ein eigenes Gutachten beigefügt werden. Es ist darauf zu achten, daß der konsultierte Graphologe wissenschaftlich arbeitet und einen guten Namen hat. Bei Erteilen des Auftrages ist zum Ausdruck zu bringen, daß das Gutachten für eine Bewerbung benötigt wird. Dann wird der Graphologe von sich aus bestimmte Seiten seines Gutachtens stärker betonen, andere nur streifen oder ganz auslassen.
Auch gute psychologische Gutachten, die etwa auf Grund eines Tests aufgestellt worden sind, können einer Bewerbung beigefügt werden. Sie geben über Aufmerksamkeit, geistige Regsamkeit, Auffassungsvermögen, Gedächtnis, Kombinationsgabe usw. guten Aufschluß. Es ist nicht notwendig, ein derartiges Gutachten für den Zweck einer Bewerbung extra anfertigen zu lassen. Aber wer eins im Besitz hat ... es rundet die Bewerbung ab.
Sehr gewagt ist, was kürzlich ein Bewerber in seinen Brief schrieb: »Da die Stelle für mich sehr wichtig ist, bitte ich um Handschriftenproben meiner zukünftigen Vorgesetzten.« Lieber nicht nachmachen, oder?

## Referenzen

Bei Angabe von Referenzen sind nur solche Personen zu berücksichtigen, die über die fachlichen Qualitäten genaue Auskunft erteilen können. Der Betrieb, bei dem man sich bewirbt, will über fachliches Können, Fleiß, Pünktlichkeit, Mitarbeit und auch über die Charaktereigenschaften Näheres wissen. Selbstverständlich kann nur derjenige ein maßgebendes Urteil abgeben, der den Bewerber nicht nur privat oder von der Straße her kennt, sondern mit ihm auch einmal zusammengearbeitet hat, also ehemalige Mitarbeiter, Lehrer, Vorgesetzte.
Man sollte vorher anfragen, ob sie bereit sind, Auskunft zu erteilen. Wenn eine Bereitwilligkeit beim anderen nicht vorhanden ist, ruft eine Anfrage nur Ärger und unter Umständen eine negative Beurteilung hervor.
Wenn sich eine Person für das Erteilen von Auskünften bereit erklärt, kann sie sich schon im voraus alle jene Punkte zurechtlegen, auf die es ankommt. In geschickter Form kann man sie auch beeinflussen, indem man erwähnt, auf welche Fähigkeiten besonders nachdrücklich hingewiesen werden soll. Angabe von Gefälligkeitsreferenzen ist nicht zweckmäßig, da Stammtischfreunde, Bekannte und Verwandte nur selten ein Urteil über fachliche Qualitäten abgeben können. Und mit allgemeinen Angaben ist keinem gedient; sie schaden nur.

## Die Form

Die Bewerbungsunterlagen sind nun vollzählig beisammen. Die vielen losen Blätter werden geordnet und zu einer gefälligen Einheit verbunden. Je ansprechender die äußere Gestaltung, desto erfolgversprechender ist die Bewerbung.
Zuerst die Frage: läßt man die Blätter einzeln, oder verbindet man sie? Bitte verbinden: heften oder klammern.
Alle jene, die auf eine längere Berufstätigkeit zurückblicken und daher verhältnismäßig viele Unterlagen einreichen, können ihre Papiere in einem Hefter für die Größe DIN A4 zusammenfassen. Der Gestaltung dieser Mappe sind keine Grenzen gesetzt. Auf die Vorderseite des Umschlages kann zum Beispiel das betreffende Inserat geklebt oder auch nur Name und Anschrift geschrieben werden. Weiteres Ausschmücken des Umschlages lieber unterlassen, denn es handelt sich um eine sachlich gehaltene Bewerbung und nicht um ein Schmuckblattelegramm. Im Innern können die einzelnen Abschnitte, also Lebenslauf, Zeugnisse, Arbeitsproben usw., durch Trennkarten mit Grifftiteln abgetrennt werden.

Der Briefumschlag soll dem jeweiligen Umfang der Bewerbungsunterlagen entsprechen. Ein künftig Auszubildender, der nur einen Bewerbungsbrief mit Lebenslauf und Schulzeugnis absendet, kann einen Umschlag in der gebräuchlichen Größe nehmen. Wer viele Papiere einreicht, sollte einen großen Umschlag benutzen. Je weniger die Blätter gefaltet werden, desto ansprechender bleiben sie.

Der Briefumschlag muß sauber beschriftet werden, am besten mit der Schreibmaschine. Nehmen Sie Klebeetiketten, wenn der Umschlag nicht quer in die Maschine paßt.

Der Brief sollte nicht per Einschreiben abgesandt werden. Es kostet nur unnötig Arbeit und Geld und wirkt unvorteilhaft.

# Die engere Wahl

## Gesichtspunkte, nach denen Bewerber ausgewählt werden

Nehmen wir an, eine Firma sucht über die Zeitungsanzeige eine Stenotypistin. Aus den eingehenden Bewerbungsbriefen, die gerade in diesem Beruf ausschließlich mit der Maschine geschrieben werden, und der äußeren Form ist bereits ersichtlich, ob die Bewerberin sauber arbeitet, die Typen gereinigt und das Farbband erneuert hat und die Zeilen DIN-gerecht anordnen kann. Auch einwandfreie Rechtschreibung und Zeichensetzung gehören dazu. Bewerberinnen, die diese rein äußerliche Prüfung ihrer Unterlagen nicht bestehen, scheiden schon aus.
Die Unterlagen der übrigen Bewerberinnen werden nun inhaltlich geprüft. Zuerst schaut der Auswählende auf die Angaben über das fachliche Können, also in diesem Falle auf die Anzahl der erreichten Anschläge im Maschinenschreiben und der Silbenzahl in der Stenographie. Alle, die in ihrer Bewerbung »gute, flotte, schnelle« Maschinenschrift angeben, dabei aber die Zahlenangabe vergessen haben, buchen von vornherein ein Minus. Übrig bleiben jene, die vielleicht mehr als 200 Anschläge und 150 Silben erreichen. Aus diesen Bewerberinnen werden diejenigen herausgesucht, die einen guten Briefstil entwickelt haben und klar, überzeugend und sachlich schreiben. Einige wenige gaben zusätzlich an, daß sie einfachen Schriftwechsel

selbständig, schwierigen nach Stichworten erledigen können, zuverlässig im Einhalten von Terminen sind, gute englische Sprachkenntnisse haben oder Buchführung beherrschen. Diese sind wieder jenen überlegen, die derartige Angaben unterlassen haben.
Die fachliche Auslese ist nun beendet, doch bleiben immer noch genügend Fragen offen, die wesentlich sind. Ein abgeschlossenes Bild über eine Bewerberin kann natürlich erst entstehen, wenn neben den fachlichen auch die charakterlichen Qualitäten, wie Sorgfalt, Aufmerksamkeit, Pünktlichkeit, Fleiß usw., bekannt sind. Die charakterologische Auswahl wird teilweise nach den bisherigen Zeugnissen vorgenommen. Immerhin ist dieses Verfahren verhältnismäßig unsicher, weil die allgemein gebräuchlichen Verschlüsselungen der Zeugnisse (sie dürfen keine negativen Beurteilungen enthalten) meist zu Mißverständnissen führen.

## Personalfragebogen

Viele Unternehmen arbeiten mit Personalfragebogen. Dieser Bogen, vom Bewerber ausgefüllt, kommt zunächst zu den Bewerbungsunterlagen, später, nach Einstellung, in die Personalakte. Ein solcher Fragebogen hat für das Unternehmen zwei Vorteile. Erstens liegen somit von allen Bewerbern und allen Mitarbeitern gut vergleichbare Angaben vor. Zweitens erhält man auch Auskunft auf solche Fragen, die der Bewerber in seiner Bewerbung vergessen hat.
Der Bewerber bekommt diesen Fragebogen gewöhnlich dann zugeschickt, wenn seine Bewerbung die erste Hürde genommen hat. Ein bißchen ärgerlich ist das Ausfüllen eines solchen Bogens immer insofern, als man die meisten Auskünfte bereits in der Bewerbung erteilt hat. Aber daran ist nichts zu ändern. Machen Sie sich getrost die kleine Mühe noch einmal, und – seien Sie aufmerksam dabei: Was Sie in Ihrer Bewerbung mitgeteilt haben, muß in allen Punkten mit dem übereinstimmen, was Ihr ausgefüllter Fragebogen sagt.

## Eignungsprüfungen

Sind in einem größeren Unternehmen allzu viele gleichwertige Bewerbungen eingegangen, aber nur wenige Stellen frei, kann durch eine Prüfung entschieden werden. Erforderlich wird sie dann, wenn jüngere Menschen eine verantwortungsvolle Laufbahn einschlagen wollen und die bisherige Tätigkeit nur geringe Anhaltspunkte für die Eignung ergibt.
Die psychologische Prüfung besteht aus einer Reihe von »Tests«, die Aufschlüsse über bestimmte Anlagen geben. Es werden also keine fachlichen Kenntnisse festgestellt, sondern nur die Anlagen, auf denen sich Kenntnisse und Fähigkeiten entwickeln lassen. Die Fachausbildung folgt meist erst später, nachdem die Prüfung eine Eignung für den betreffenden Beruf ergeben hat. Durch das Testverfahren werden körperliche Anlagen wie Reaktions- und Tastvermögen, visuelle, akustische und motorische Fähigkeiten geprüft. Darüber hinaus können auch die geistigen und charakterlichen Eigenschaften festgestellt werden, z. B. Auffassungs-, Beurteilungs-, Kombinationsvermögen, logisches Denken, Gedächtnis, Ausdauer, Sorgfalt, Sauberkeit.
Es gibt eine Unmenge von Tests. Da können nach Art des Puzzlespiels verschieden geformte Papierstückchen zu einem Kreis oder gleichseitigen Dreieck zusammengelegt werden. Für die Lösung dieser Aufgabe ist eine bestimmte Zeit festgesetzt, die der durchschnittlichen Leistung entspricht. Je nachdem, ob die Aufgabe in der Hälfte dieser Zeit gelöst oder das Doppelte benötigt wird, beurteilt der Prüfende die Leistung entweder als sehr gut oder unbefriedigend. Für eine andere Art wird nicht die Zeit, sondern die Art der Ausführung gewertet. Es können ganz einfache Aufgaben gestellt werden, etwa daß man eine bestimmte Figur zeichnen oder aus einem Draht eine Figur biegen oder mit Stäbchen einen Gegenstand legen soll. Tests erstrecken sich von den einfachsten Auflegespielen bis zur Handhabung kompliziertester technischer Anlagen, wie sie bei Prüfungen für künftige Berufskraftfahrer und Flugzeugführer Verwendung finden. Eine psychologische Prüfung sollte man gut ausgeruht antreten. Sorgen, Nervosität und Ärger lassen die Konzentrationsfähigkeit und damit die Leistung sinken.
Die fachliche Eignungsprüfung besteht in einer Prüfung der Kenntnisse auf einem bestimmten Fachgebiet. Bewirbt sich eine Dame als Fremdsprachenkorrespondentin, wird sie in der Fachprüfung einen Text übersetzen müssen. Ein Buchhalter kann ein Thema über Jahres- oder Steuerbilanz erhalten, ein Graphiker muß einen Entwurf für die Werbung eines bestimmten Artikels fertigen.
Besteht die Fachprüfung aus mehreren Aufgaben, darf man sich nicht an einer schwierigen festbeißen, da sonst viel Kraft, Selbstbewußtsein und Zeit verlorengehen. Dann lieber zuerst die anderen, leichteren Aufgaben lösen und sich zum Schluß der schwierigen zuwenden. Es ist besser, fünf leichte

erledigt und eine schwierige angefangen zu haben, als nur die eine schwere Aufgabe gelöst zu haben.

## Die persönliche Vorstellung

Wer eine Einladung zu einer persönlichen Vorstellung erhält, hat sich mit seiner Bewerbung durchgesetzt, tritt aber nun in ernsthafte Konkurrenz mit den besten Mitbewerbern. Es empfiehlt sich stets, über Art, Umfang und Ruf des Unternehmens unterrichtet zu sein. Einerseits ist es die letzte Gelegenheit, die Bewerbung rückgängig zu machen, andererseits kann man die Kenntnisse über das Unternehmen vorteilhaft bei der Vorstellung verwerten. Art und Umfang des Unternehmens können auch Anhaltspunkte für den späteren Einsatz geben.
Es wäre beispielsweise wichtig zu erfahren, welche Waren hergestellt oder gehandelt werden, wie groß die Firma ist, ob sie gut fundiert ist oder sich in einer Krise befindet, ob Zweigstellen im In- und Ausland bestehen und wie das Betriebsklima ist. Man kann Bekannte fragen, die dort arbeiten; weitere Aussagen vermitteln Prospekte oder Geschäftsberichte. Wer eine leitende Stellung übernehmen will, kann auch ein Auskunftsbüro in Anspruch nehmen.
Hat man sich über den Betrieb unterrichtet, muß man diejenigen Fragen überdenken, die gestellt werden könnten. Es werden stets Auskünfte fachlicher Art verlangt werden, aber auch anderes wird zu beantworten sein, wie Beziehungen zu Konkurrenzunternehmen, Bindungen politischer und rechtlicher Art, private Verpflichtungen, außerberufliche Tätigkeit, Familien- und Wohnverhältnisse und Gehaltsfragen.
Man sollte die Antworten schon vorher präzise formulieren, so daß sie befriedigend ausfallen. Im allgemeinen übernimmt der Personalchef die Führung des Gesprächs. Versuchen Sie, ihn auf ein Thema zu bringen, über das Sie besonders gut Bescheid wissen und das Sie interessant gestalten können. Es muß natürlich zwanglos geschehen und mit dem zu besetzenden Posten in Verbindung stehen. Nicht gleich Verbesserungsvorschläge bringen, wenn die Betriebsorganisation in der früheren Tätigkeit anders geartet war. Selbstverständlich kann man derartige Dinge sagen, aber nicht als allein maßgebend oder richtig hinstellen; dafür fehlt der Einblick in die besonderen Verhältnisse des neuen Unternehmens.
Manchmal wird die Einstellung von einer Kommission entschieden, der der Inhaber, der Personalchef, der Bürovorsteher, der Abteilungsleiter und der

Betriebspsychologe angehören können. Dann muß man sich beim Sprechen an jeden der Herren wenden, nicht nur an denjenigen, der die Frage stellt.
Wurde im Bewerbungsschreiben eine Gehaltsforderung genannt, sollte sie auch weiterhin vertreten werden. Wenn man zu einer Vorstellung gebeten worden ist, hat das Unternehmen ernsthaft eine Einstellung in Erwägung gezogen und die Gehaltsforderung geprüft und für angemessen gehalten. Es bedarf also nur geringer Zugeständnisse, um die Verhandlungsbereitschaft zu beweisen.
Für die Vorstellung ist eine unauffällige Kleidung angebracht: deshalb weder Abendanzug noch Sportdress wählen! Sauberkeit ist eine selbstverständliche Voraussetzung des Erfolges.
Sollte das Gespräch nicht den erwünschten Verlauf nehmen und ein Vertrag nicht zustande kommen, verschaffe man sich durch Höflichkeit und Takt einen guten Abgang. Es besteht die Möglichkeit, daß noch einmal auf die Bewerbung zurückgegriffen wird.

## Abgelehnte Bewerbungen

Sowohl aus einem unerwünschten Verlauf des Vorstellungsgespräches als auch aus einem abgelehnten Bewerbungsschreiben müssen Lehren gezogen werden. Die Eignung für den ausgeschriebenen Posten wurde dann nicht genügend bewiesen. Überdenken Sie nochmals alle Schritte, die Sie unternommen haben. Prüfen Sie kritisch Ihr Bewerbungsschreiben, die Zeugnisse, den Lebenslauf; vergegenwärtigen Sie sich Ihr Auftreten bei dem Vorstellungsgespräch, und schreiben Sie sich alles auf, was an der Erfolglosigkeit Ihrer Bewerbung mitgewirkt haben könnte. Nun überarbeiten Sie die Bewerbungsunterlagen.
Und bitte, denken Sie daran, daß nicht die erste Bewerbung gleich Erfolg haben muß. Wenn die zweite oder eine der folgenden erfolgreich ist, genügt es auch. Auf die Dauer wird man an Ihren Kenntnissen, Ihrer Arbeitskraft und Ihren Fähigkeiten nicht vorübergehen.

## Nachfaßbriefe

Wird die Bewerbung bald zurückgesandt, ist sie nicht in den Kreis der engeren Wahl vorgerückt. In diesem Fall erübrigt sich jede weitere Frage. Oft wartet man einige Wochen auf eine Antwort. Manchmal wurden Arbeitsproben beigefügt, die man in der Zwischenzeit gut an einer anderen Stelle hätte verwerten können. In derartigen Fällen empfiehlt es sich, nochmals an das Unternehmen zu schreiben, sei es, daß man an die Bewerbung erinnert, sei es, daß man um die Rückgabe der eingesandten Unterlagen bittet. Nachstehend wird an zwei Beispielen gezeigt, wie Sie solche Briefe abfassen können:

Ihre Stellenanzeige in der ...-Zeitung vom 10.04.19..

Sehr geehrte Damen und Herren,

die von Ihnen ausgeschriebene Stelle einer Dolmetscherin für Englisch würde meinen Fähigkeiten gut entsprechen. Neben der Dolmetscherprüfung kann ich eine zweijährige kaufmännische Tätigkeit in London nachweisen. Meine weiteren Kenntnisse entnehmen Sie bitte meiner Bewerbung vom 12.04.19..

Ich würde mich freuen, wenn ich Gelegenheit zu einer persönlichen Vorstellung erhielte.

Mit freundlichen Grüßen<br>
(Unterschrift)

Ihre Stellenanzeige in der ...-Zeitung vom 10.04.

Sehr geehrte Damen und Herren,

am 12.04.19.. habe ich mich bei Ihnen beworben. Ich glaube, für Sie nicht zuletzt deshalb der richtige Mitarbeiter zu sein, weil ich im Raum Schleswig-Holstein bereits gut eingeführt bin.

Darf ich mich bei Ihnen vorstellen? Wenn die Position schon besetzt sein sollte, senden Sie mir bitte meine Bewerbungsunterlagen zurück. Danke.

Mit freundlichen Grüßen<br>
(Unterschrift)

Sind Sie für eine künftig frei werdende Stelle vorgemerkt, empfehlen sich Nachfaßbriefe im Abstand von etwa vier bis sechs Wochen. Diese Briefe können so formuliert werden:

Sehr geehrte Damen und Herren,

ich danke Ihnen für Ihren Brief vom 14.04.19.. in dem Sie mir mitteilten, daß ich für eine Stelle als Werbeassistent vorgemerkt sei.

Gerade auf dem Gebiet der Mode könnte ich gute Leistungen erzielen, da ich neben umfassenden werbewirtschaftlichen Kenntnissen auch Erfahrungen im Textilhandel erworben habe. Einzelheiten kennen Sie ja aus meiner Bewerbung vom ...

Ich würde mich freuen, wenn ich mich bei Ihnen vorstellen dürfte.

Mit freundlichen Grüßen
(Unterschrift)

Sehr geehrte Damen und Herren,

auf meine Bewerbung vom 14.05.19.. erhielt ich von Ihnen eine abschlägige Antwort.

Ich freue mich jedoch, daß Sie mich für die Stelle als Verkäufer vorgemerkt haben. Bitte geben Sie mir Gelegenheit, mich bei Ihnen vorzustellen.

Mit freundlichen Grüßen
(Unterschrift)

In all diesen Briefen muß man höflich bleiben; Ärger über die Verzögerung der Einstellung darf nicht mitklingen. Aus Gründen der Kosten- und Zeitersparnis wird bei Freiwerden einer Stelle auf früher eingegangene Bewerbungen gern zurückgegriffen. Dann ist es gut, wenn gerade zu diesem Zeitpunkt ein eigener Nachfaßbrief eintrifft. Um nicht den Eindruck einer Belästigung zu erwecken, sollte man einige Wochen verstreichen lassen, bis man den nächsten Brief absendet. Selbstverständlich muß jeder Brief anders formuliert sein.
Hat man eine mündliche Zusage für die Einstellung erhalten, empfiehlt es sich, um eine schriftliche Bestätigung zu bitten. Darin sollte nicht nur die Tatsache der Einstellung selbst, sondern auch das vorgesehene Datum und die wichtigsten Punkte, über die man sich vorher geeinigt hat, enthalten sein. Besonders günstig ist es, sich unmittelbar im Anschluß an die persön-

liche Vorstellung alle Vereinbarungen bestätigen zu lassen. Es handelt sich also um einen formlosen Vorvertrag, der eine gewisse Sicherheit verleiht. Erst wenn man ihn erhalten hat, darf man die bisherige Stelle kündigen.

Wer in den öffentlichen Dienst oder in ein großes, fest fundiertes und vertrauenswürdiges Unternehmen eintreten will, darf unbesorgter vorgehen. Die Personalstellen arbeiten dort nach fest umrissenen Richtlinien. Zu ihnen gehört auch die Aushändigung eines Einstellungsschreibens, in dem nur das Eintrittsdatum und ein Hinweis auf den geltenden Tarifvertrag enthalten sind. Am Tage des Diensteintritts oder kurze Zeit später erklärt man durch Unterschrift den geltenden Tarifvertrag für verbindlich. Zusatzverträge sind im allgemeinen nur für leitende Positionen üblich. Bei mittleren und kleinen Unternehmen werden jeweils die einzelnen Punkte des Vertrages zusammengestellt. Hier können besondere Wünsche berücksichtigt werden. Man achte darauf, daß alle bei der persönlichen Vorstellung erreichten Abmachungen im endgültigen Vertrag enthalten sind. Genaue Formulierung ist erforderlich, damit spätere Streitigkeiten vermieden werden. Bei Unklarheiten empfiehlt sich der Besuch einer Rechtsberatungsstelle, wie sie z. B. Gewerkschaften unterhalten.

Besonders gründlich sollten Sie folgende Punkte durchdenken:

- Gehaltsfragen, einschließlich Provisionen, Umsatzbeteiligungen, Überstundenvergütung, Steigerungsbeträge und -termine
- Art und Umfang der Arbeit
- Probezeit und Kündigungsfrist
- Arbeitszeit und Urlaub
- Versicherung und Versorgung
- Wohnungsfragen und Trennungsentschädigung
- Wettbewerbsklausel und nebenberufliche Tätigkeit
- Sicherheit bei Kautionen.

# Register

# NÜTZLICHE RATGEBER

## EINE AUSWAHL

Stand: Frühjahr/Sommer 1992

## Essen und Trinken

**Meine feine Bürgerliche Küche**
(**4411**-9) Von E. Falout, 160 S., 119 Farbfotos, Pappband. ●●●

**Kochen für 1 Person**
Rationell wirtschaften, abwechslungsreich und schmackhaft zubereiten. (**0586**-5) Von M. Nicolin, 104 S., 8 Farbtafeln, 23 Zeichnungen, kart. ●

Schnell und individuell
**Die raffinierte Single-Küche**
(**4266**-3) Von F. Faist, 160 S., 151 Farbfotos, Pappband. ●●●

Für Kenner und Genießer **Lamm**
(**1090**-7) Von H. Imhof, 64 S., 50 Farbfotos, Pappband. ●

Frischer Fang aus Fluß und Meer **Fisch**
(**0964**-X) Von L. Grieser, 48 S., 52 Farbfotos, Pappband. ●●

Edler Kern in harter Schale
**Meeresfrüchte**
(**0886**-4) Von L. Grieser, 48 S., 52 Farbfotos, Pappband. ●●

Gaumenfreuden Tag für Tag
**Pfannengerichte**
(**1007**-9) Von S. Fabke, 64 S., 54 Farbfotos, Pappband. ●●

Von Tatar und falschen Hasen **Hackfleisch**
(**0866**-X) Von A. und G. Eckert, 64 S., 42 Farbfotos, Pappband. ●●

Aus eigener Küche **Gute Wurst**
(**0948**-8) Von J. Bessel, G. Quaas, 80 S., 8 Farbtafeln, kart. ●

Aus lauter Lust und Liebe **Knoblauch**
(**0867**-8) Von L. Reinirkens, 64 S., 45 Farbfotos, Pappband. ●●

Bintje, Irmgard und Sieglinde
**Kartoffeln**
(**1032**-X) Von S. Fabke, 64 S., 43 Farb- und 1 s/w-Foto, Pappband. ●

Leicht und lecker
**Nudelgerichte**
Die besten Rezepte aus der 3 GLOCKEN-Feinschmecker-Küche.
(**0466**-4) Von Chr. Stephan, 80 S., 8 Farbtafeln, kartoniert. ●

Pasta in Höchstform **Nudeln**
(**0884**-8) Von M. Kirsch, 64 S., 62 Farbfotos, Pappband. ●●

**Reis**
Basmati, Patna und Arborio
(**1209**-8) Von K. Iden, 64 S., ca. 50 Farbfotos, Pappband. ●●

Kräftig klar und cremig zart **Feine Suppen**
(**1031**-1) Von H. Imhof, 64 S., 48 Farbfotos, Pappband. ●

Herzhaftes für Leib und Seele **Eintöpfe**
(**0820**-1) Von P. Klein, 48 S., 30 Farbfotos, Pappband. ●●

Spezialitäten unter knuspriger Decke
**Aufläufe**
(**0882**-1) Von C. Adam, 48 S., 33 Farbfotos, Pappband. ●

In Hülle und Fülle **Pasteten und Terrinen**
(**0883**-X) Von M. Kirsch, 48 S., 62 Farbfotos, Pappband. ●●

Die Krönung der feinen Küche **Saucen**
(**0817**-1) Von G. Cavestri, 48 S., 40 Farbfotos, Pappband. ●

Schlank und köstlich **Spargel**
(**1005**-2) Von M. Kirsch, 64 S., 44 Farbfotos, Pappband. ●

Von Aubergine bis Zucchini **Gemüse**
(**1061**-3) Von H. Cohrs, 64 S., 39 Farbfotos, Pappband. ●

Statt Breakfast und Lunch **Brunch**
(**1033**-8) Von C. Adam, 64 S., 49 Farbfotos, Pappband. ●

Genießen unter freiem Himmel
**Picknick**
(**1208**-X) Von A. Ilies, 64 S., ca. 50 Farbfotos, Pappband. ●●

Die schönsten Rezepte für
**Frühstück und Brunch**
(**1063**-X) Von K. Kruse-Schorling, 80 S., 8 Farbtafeln, kart. ●

Mit Lust und Liebe
**Kochen mit den Meistern**
(**4445**-3) 176 S., 132 Farbfotos, 50 Graffiti, Pappband. ●●●●

Zaubern mit der schnellen Welle
**Die neue Mikrowellenküche**
(**4289**-2) Von F. Faist, 208 S., 188 Farbfotos, Pappband. ●●●

Schnell auf den Tisch gezaubert
**Kochen mit Mikrowellen**
(**0818**-X) Von A. Danner, 64 S., 52 Farbfotos, Pappband. ●

Vom ersten Versuch zum Menü
**Mikrowellenküche leicht gemacht**
(**0994**-1) Von T. Peters, 112 S., 96 Farbfotos, kartoniert. ●●

Zart gedunstet, schonend gegart
**Fischgerichte aus der Mikrowellenküche**
(**1092**-3) Von A. Ilies, 96 S., 106 Farbfotos, kartoniert ●●

Köstliches ganz schnell gezaubert
**Aufläufe aus der Mikrowellenküche**
(**1093**-1) Von K. Kruse-Schorling, 96 S., 89 Farbfotos, kartoniert. ●●

Natürlich Kochen im
**Mikrowellen-Römertopf**
(**0947**-X) Von F. Faist, 96 S., 8 Farbtafeln, kartoniert. ●

**Das neue Fritieren**
geruchlos, schmackhaft und gesund.
(**0365**-X) Von P. Kühne, 88 S., 8 Farbtafeln, kartoniert. ●

**Schnell und gut gekocht**
Die tollsten Rezepte für den Schnellkochtopf
(**0265**-3) Von J. Ley, 96 S., 8 Farbtafeln, kartoniert. ●

Italienische Vorspeisen **Antipasti**
(**1006**-0) Von S. Reiter-Westphal, 64 S., 47 Farbfotos, Pappband. ●●

Schlemmerreise durch die
**Italienische Küche**
(**4172**-1) Von V. Pifferi, 160 S., 109 Farbfotos, Pappband. ●●●

Schlemmen wie bei Mamma Maria
**Pizzas**
(**0815**-5) Von F. Faist, 64 S., 62 Farbfotos, Pappband. ●

Spaghetti, Tagliatelle + Co.
**Pasta all'Italiana**
(**1004**-4) Von I. Seyric, 64 S., 57 Farbfotos, Pappband. ●●

Pikantes und Süßes mit französischem Charme **Bistro-Küche**
(**4428**-3) Von V. Müller, 160 S., 130 Farbfotos, Pappband. ●●●

Schlemmerreise durch die
**Französische Küche**
(**4296**-5) Von H. Imhof, 160 S., 147 Farbfotos, 3 s/w-Fotos, Pappband. ●●●

Schlemmerreise durch die
**Spanische Küche**
(**4500**-X) Von A. Puente, 160 S., ca. 120 Farbfotos, Pappband. ●●●

Schlemmerreise durch die
**Chinesische Küche**
(**4184**-5) Von K. H. Jen, 160 S., 117 Farbfotos, Pappband. ●●●

Verheißungsvoll fernöstlich
**Spezialitäten aus dem Wok**
(**0933**-X) Von K. H. Jen, 64 S., 56 Farbfotos, Pappband. ●●

Mit Lust und Liebe **Chinesisch Kochen**
(**4441**-0) Von Ho Fu-Lung, Uli Franz, 176 S., 189 Farbfotos, 29 Zeichnungen, Pappband. ●●●●

Köstliches von Rost und Spieß **Grillen**
(**0931**-3) Von A. Kalcher-Dähn, H. K. Kalcher, 64 S., 43 Farbfotos, Pappband. ●●

**Rezepte rund um Raclette und Doppeldecker**
(**0420**-6) Von J.W. Hochscheid, 72 S., 8 Farbtafeln, kart. ●

Schlemmen in geselliger Runde
**Fleischfondues**
(**0966**-6) Von M. Spötter, 64 S., 62 Farbfotos, Pappband. ●

**Fondues und Raclettes**
(**4253**-1) Von F. Faist, 160 S., 125 Farbfotos, Pappband. ●●●

Schmelzendes Käsevergnügen **Raclette**
(**0881**-3) Von F. Faist, 48 S., 33 Farbfotos, Pappband. ●●

Kulinarischer Feuerzauber **Flambieren**
(**4294**-9) Von R. Wesseler, 120 S., 100 Farbfotos, Pappband. ●●●

Das köstliche knackige Schlemmervergnügen **Salate**
(**4165**-9) Von V. Müller, 160 S., 80 Farbfotos, Pappband. ●●●

Die hier vorgestellten Bücher, Videokassetten und Software sind in folgende Preisgruppen unterteilt:

- ● Preisgruppe bis DM 10,–/S 79,–
- ●● Preisgruppe über DM 10,– bis DM 20,– S 80,– bis S 160,–
- ●●● Preisgruppe über DM 20,– bis DM 30,– S 161,– bis S 240,–
- ●●●●● Preisgruppe über DM 50,–/S 401,–
- ●●●● Preisgruppe über DM 30,– bis DM 50,– S 241,– bis S 400,–

*(unverbindliche Preisempfehlung)

Die Preise entsprechen dem Status beim Druck dieses Verzeichnisses (s. Seite 1) – Änderungen, im besonderen der Preise, vorbehalten –

Falken-Verlag GmbH · Postfach 1120 FALKEN D-6272 Niedernhausen/Ts. · Tel.: 0 61 27 / 70 20

Gartenfrisch genießen
**Feine Salate**
(**4450**-X) Von P. Nikolay, 160 S., 122 Farbfotos, Pappband. ●●●

**Köstliche Salate**
zum Verwöhnen
(**0222**-X) Von Chr. Schönherr, 96 S., 8 Farbtafeln, 30 Zeichnungen, kartoniert. ●

Frisch und leicht als Hauptgericht
**Schlemmersalate**
(**0934**-8) Von C. Adam, 64 S., 49 Farbfotos, Pappband. ●●

Köstlich frisch auf den Tisch
**Rohkostsalate**
(**0865**-1) Von C. Adam, 48 S., 26 Farbfotos, Pappband. ●●

Raffiniert und gesund würzen
**Kräuterküche**
(**0869**-4) Von A. Görgens, 48 S., 43 Farbfotos, Pappband. ●●

**Miekes Kräuter- und Gewürzkochbuch**
(**0323**-4) Von I. Persy, K. Mieke, 88 S., 4 Farbtafeln, kartoniert. ●

**Joghurt, Quark, Käse und Butter**
Schmackhaftes aus Milch hausgemacht
(**0739**-6) Von M. Bustorf-Hirsch, 32 S., 59 Farbabbildungen, Pappband. ●

Gesund und vielseitig **Alles mit Joghurt**
täglich selbstgemacht, mit vielen Rezepten
(**0382**-6) Von G. Volz, 64 S., 8 Farbtafeln, kartoniert. ●

Locker, flockig, leicht...
**Müsli & Co**
(**0965**-8) Von C. Adam, 64 S., 42 Farbfotos, Pappband. ●

Bärenstark und kerngesund
**Vollwertkost für Kinder**
(**0968**-2) Von S. Reiter, 64 S., 44 Farbfotos, Pappband. ●

**Gesunde Ernährung für mein Kind**
(**0776**-6) Von M. Bustorf-Hirsch, 112 S., 8 Farbtafeln, 5 s/w-Zeichnungen, kart. ●

**Das Getreidemühlenkochbuch**
(**1017**-6) Von M. Bustorf-Hirsch, 112 S., 8 Farbtafeln, kartoniert. ●

**Meine Vollkornküche**
Herzhaftes von echtem Schrot und Korn
(**0858**-9) Von S. Walz, 96 S., 8 Farbtafeln, kartoniert. ●

Die gesunde Art, sich zu verwöhnen
**Vollwertküche für Singles**
(**0937**-2) Von A. Görgens, 64 S., 43 Farbfotos, Pappband. ●

**Die feine Vollwertküche**
(**4286**-8) Von M. Bustorf-Hirsch, 160 S., 83 Farbfotos, Pappband. ●●●

Mit Lust und Liebe...
**Vollwertküche für Genießer**
(**4412**-4) Von Prof. Dr. C. Leitzmann, H. Million, 256 S., 329 Farbfotos, Pappband. ●●●●

**Die feine Vegetarische Küche**
(**4235**-3) Von F. Faist, 160 S., 191 Farbfotos, Pappband. ●●●

**Schmackhafte Vollwertkost ohne tierisches Eiweiß**
(**0993**-3) Von M. Bustorf-Hirsch, 96 S., 54 Farbfotos, kartoniert. ●●

**Cholesterinarm kochen und genießen**
(**4442**-9) Von R. Unsorg, 168 S., 132 Farbfotos, kartoniert. ●●●●

Die aktuelle **Cholesterintabelle**
(**1088**-5) Von Dr. H. Oberritter, 84 S., 12 zweifarbige Grafiken, kartoniert. ●

**Die aktuelle Vitamin- und Mineralstofftabelle**
Mit Angaben zu den wichtigsten Vitaminen und Mineralstoffen
(**1110**-5) Von Dr. H. Oberritter, 88 S., 1 zweifarbige Grafik, kart. ●

**Die aktuelle E-Zusatzstoff-Tabelle**
Über 750 Angaben zu Herkunft, Verwendung und möglichen Nebenwirkungen
(**1233**-0) Von T. Pilgram, E.Dahl, 80 S., zweifarbig, kart. ●

**Vollwertküche für Diabetiker**
Köstlich kochen und backen für die ganze Familie
(**4473**-9) Von Prof. Dr. C. Leitzmann, Prof. Dr. H. Laube, H. Million, 168 S., 172 Farbfotos, 8 Zeichnungen, Pappband. ●●●●

**Kochen und backen für Diabetiker**
Gesund und schmackhaft für die ganze Familie
(**4467**-4) Von Dr. med. M. Toeller, W. Schumacher, A. Groote, Dr. troph. A. Klischan, 176 S., 182 Farbfotos, Pappband. ●●●●

**Würzig kochen ohne Salz**
(**0922**-4) Von S. Roediger-Streubel, 160 S., 16 Farbtafeln, kart. ●●

**Die Sojaküche**
Gesund und abwechslungsreich essen
(**0894**-5) Von U. Kolster, 80 S., 8 Farbtafeln, kart. ●

**Gesund kochen mit Keimen und Sprossen**
(**0794**-9) Von M. Bustorf-Hirsch, 96 S., 4 Farbtafeln, 13 s/w-Zeichnungen, kart. ●

**Keime und Sprossen in der Naturküche**
(**4299**-X) Von M. Bustorf-Hirsch, 96 S., 144 Farbfotos, Pappband. ●●

**Waffeln**
Hörnchen, Pfannkuchen und Crèpes.
(**0522**-9) Von C. Stephan, 64 S., 8 Farbtafeln, kart. ●

Mehr Freude und Erfolg beim
**Brotbacken**
(**4148**-9) Von A. und G. Eckert, 160 S., 177 Farbfotos, Pappband. ●●●

**Meine Vollkornbackstube**
Brot · Kuchen · Aufläufe. (**0616**-0) Von R. Raffelt, 96 S., 4 Farbtafeln, 12 Zeichnungen, kartoniert. ●

**Die feine Vollkornbackstube**
(**4474**-7) Von M. Bustorf-Hirsch, 160 S., 128 Farbfotos, Pappband. ●●●

**Meine Weihnachtsbackstube**
(**5163**-8) Von M. Sauerborn, 32 S., 23 Farbfotos, mit Vorlagebogen in Originalgröße, kart. ●

**Backen ohne Zucker**
(**1234**-9) Von H. Erkelenz, 80 S., 8 Farbtafeln, kart. ●

Süße Verführungen **Desserts**
(**0885**-6) Von M. Bacher, 64 S., 75 Farbfotos, Pappband. ●

Süße Geheimnisse eiskalt gelüftet
**Eis und Sorbets**
(**0870**-8) Von H. W. Liebheit, 48 S., 38 Farbfotos, Pappband. ●●

Raffiniertes mit
**Eis**
Drinks/Desserts/Eissorten
(**1029**-X) Von F. Hoffmann, 64 S., 74 Farbfotos, Pappband. ●●

**Haltbarmachen in der Öko-Küche**
Gesunde Konservierungsmethoden für Obst, Gemüse, Kräuter und Pilze. (**0923**-2) Von M. Bustorf-Hirsch, 120 S., 92 Farbabb., kart. ●●

**Komm, koch und back mit mir**
Kunterbuntes Kochvergnügen für Kinder.
(**4285**-X) Von S. und H. Theilig, illustriert von B. v. Hayek, 112 S., 45 Farbabb., Pappband. ●●

**Lieblingsgerichte für Kinder**
Kerngesund und kunterbunt
(**4497**-6) Von G. Righi-Spanfellner, 112 S., ca. 100 Farbfotos, Pappband. ●●●

Lirum, larum, Löffelstiel...
**Kinder kochen mit Knuddel**
(**1094**-X) Von U. Bültjer, 80 S., 27 zweifarbige Zeichnungen, kart. ●

Mit Lust und Liebe
**Garnieren und Verzieren**
Dekoratives zu vielen Anlässen
(**4496**-8) Von M. Müller, E. Pratsch, H. Krieg, 160 S., ca. 100 Farbfotos, Pappband. ●●●●

Mit Lust und Liebe **Kalte Platten & Buffets**
Anrichten und Garnieren
(**4427**-5) Von P. Grotz, 176 S., 228 Farbfotos, Pappband. ●●●●

**Garnieren und Verzieren**
(**4236**-1) Von R. Biller, 160 S., 329 Farbfotos, 57 Zeichnungen, Pappband. ●●●

Köstlichkeiten für Gäste und Feste
**Kalte Platten**
(**4200**-0) Von I. Pfliegner, 160 S., 130 Farbfotos, Pappband. ●●●

Wenn Gäste kommen...
**Kalte Küche**
(**1060**-5) Von A. Ilies, 64 S., 49 Farbfotos, Pappband. ●

Raffiniert und vielseitig
**Toasts und Sandwiches**
(**1109**-1) Von R. und T. Donhauser, 64 S., 52 Farbfotos, Pappband. ●

Fein und raffiniert
**Canapés und kleine Köstlichkeiten**
(**0963**-1) Von H. Imhof, 64 S., 53 Farbfotos, Pappband. ●

**Festlich kochen und Backen**
für Advent und Weihnachten
(**4443**-7) Von A. Guter, 96 S., 66 Farbfotos, 1 s/w-Foto, Pappband. ●●

**Der perfekt gedeckte Tisch**
(**1028**-1) Von H. Tapper, 80 S., 161 Farbfotos, 13 Zeichnungen, kartoniert. ●●

**Der schön gedeckte Tisch**
Vom einfachen Gedeck bis zur Festtafel stimmungsvoll und perfekt arrangiert.
(**4246**-1) Von H. Tapper, 112 S., 206 Farbfotos, 21 s/w-Abbildungen, Pappband. ●●●

**Servietten falten**
80 Ideen für schön gedeckte Tische
(**1042**-7) Von M. Müller, O. Mikolasek, 80 S., 289 Farbfotos, 50 Zeichnungen, kart. ●●

**Phantasievolle Tischdekorationen selber machen**
(**0984**-4) Von Y. Thalheim, H. Nadolny, 80 S., 174 Farbfotos, 21 Zeichnungen, kart. ●●

**Tischkarten dekorativ gestalten**
aus allerlei Material für viele Anlässe
(**0946**-1) Von H. York, 32 S., 108 Farbfotos, Pappband. ●

**Servietten dekorativ falten**
Geschmackvolle Anregungen aus Stoff und Papier. (**0804**-X) Von H. Tapper, 32 S., 134 Farbfotos, Pappband. ●

**Tee für Genießer**
Sorten · Riten · Rezepte
(**0356**-0) Von M. Nicolin, 64 S., 4 Farbtafeln, kart. ●

**Weine und Säfte, Liköre und Sekt**
selbstgemacht.
(**0702**-7) Von P. Arauner, 232 S., 76 Abb., kart. ●●

Fruchtig, spritzig, eisgekühlt
**Mixen ohne Alkohol**
(**0935**-6) Von S. Späth, 64 S., 44 Farbfotos, Pappband. ●●

Mit und ohne Alkohol
**Longdrinks**
(**1062**-1) Von S. Edelberg, 64 S., 47 Farbfotos, Pappband. ●●

**Light Drinks**
Mixen mit und ohne Alkohol
(**1222**-5) Von S. Edelberg, Heike Reith, 64 S., ca. 50 Farbfotos, Pappband. ●●

**Cocktails**
(**4267**-1) Von W. R. Hoffmann, W. Hubert, U. Lottring, 160 S., 164 Farbfotos, 1 s/w-Foto, Pappband. ●●●

**Cocktails und Mixereien**
für häusliche Feste und Feiern. (**0075**-8) Von J. Walker, 96 S., 4 Farbtafeln, kart. ●

**Die besten Punsche, Grogs und Bowlen**
(**0575**-X) Von F. Dingden, 64 S., 4 Farbt., kart. ●

Schlank werden nach Dr. Hay **Trennkost**
Die bewährten Vollwert-Rezepte von Ursula Summ. (**4298**-1) Von U. Summ, 96 S., 54 Farbfotos, 1 Zeichnung, kart. ●●

**Das große Buch der Trennkost**
Neue Rezepte von Ursula Summ
(**4498**-4) Von U. Summ, 144 S., ca. 100 Farbfotos, Pappband. ●●●

Gesund leben nach Dr. Hay
**Cholesterinarme Trennkost**
Neue Vollwert-Rezepte von Ursula Summ
(**4475**-5) Von U. Summ, 96 S., 52 Farbfotos, kart. ●●

Eßlust statt Diätfrust
**Die Pfundskur**
(**1102**-4) Von Prof. Dr. V. Pudel, 144 S., 8 s/w-Zeichnungen, 4 Vignetten, kart. ●

**Schlank nach Maß**
mit der Diät-Computerwaage
(**1064**-8) Von K. Alisch, 104 S., 8 Farbtafeln, kart. ●

**Gesundes Essen für Berufstätige**
Die 4-Wochen-Vollwertkur (**1065**-6) Von M. Weber, ca. 80 S., 8 Farbtafeln, kart. ●

## Hobby und Freizeit

Falken-Handbuch
**Zeichnen und Malen**
(**4167**-5) Von B. Bagnall, 336 S., 1154 Farbabb., Pappband. ●●●●●

**Punkt, Punkt, Komma, Strich**
Zeichenstunde für Kinder
(**0564**-4) Von H. Witzig, 144 S., über 250 Zeichnungen, kart. ●

**Einmal grad und einmal krumm**
Zeichenstunde für Kinder
(**0599**-7) Von H. Witzig, 144 S., 363 Abb., kartoniert. ●

**Figürliches Zeichnen**
leicht gemacht
(**1010**-9) Von H. Witzig, 112 S., 462 Figuren, kartoniert. ●

**Airbrush**
Kreatives Gestalten mit dem Luftpinsel
(**1133**-4) Von C. M. Mette, 80 S., 145 Farbfotos, 40 Farbzeichnungen, kartoniert. ●●

**Kalligraphie**
Die Kunst des schönen Schreibens
(**4263**-9) Von C. Hartmann, 120 S., 44 Farbvorlagen, 29 s/w-Vorlagen, 2 s/w-Zeichnungen, 38 Farbfotos, Pappband. ●●●●

Gestalten mit Schrift
**Kalligraphie**
(**1044**-3) Von I. Schade, 80 S., 2 Farb- und 1 s/w-Foto, 143 Farbzeichnungen, kart. ●●

**Aquarellmalerei leicht gelernt**
Materialien · Techniken · Motive
(**0787**-6) Von T. Hinz, R. Braun, B. Zeidler, 32 S., 38 Farbfotos, 1 Zeichn., Pappband. ●

**Hobby Aquarellmalen**
Landschaft und Stilleben
(**0876**-7) Von I. Schade, A. Brück, 80 S., 111 Farbabb., kart. ●●

**Hobby Ölmalerei**
Landschaft und Stilleben
(**0875**-9) Von H. Kämper, I. Becker, 80 S., 93 Farbabb., kart. ●●

**Hobby Bauernmalerei**
(**0436**-2) Von S. Ramos und J. Roszak, 80 S., 116 Farbfotos und 28 Motivvorlagen, kart. ●●

**Seidenmalerei in Vollendung**
(**4414**-3) Hrsg. von R. Smend, 160 S., 227 Farbfotos, 36 s/w-Fotos, geprägter Leineneinband mit Schutzumschlag, im Schuber. ●●●●●

**Seidenmalerei und Modedesign**
Modelle · Techniken · Schnittmuster
(**4476**-3) Von B. Hansen, 176 S., 140 Farbfotos, 93 Farb-, 68 s/w-Zeichnungen, Pappband. ●●●●

**Seidenmalerei als Kunst und Hobby**
(**4264**-7) Von S. Hahn, 136 S., Farbabb., 1 s/w-Foto, Pappband. ●●●●

**Neue zauberhafte Seidenmalerei**
Motive und Anregungen aus der Natur
(**0924**-0) Von R. Henge, 80 S., 148 Farbfotos, 27 s/w-Zeichnungen, kart. ●●

Krawatten, Tücher und Fliegen individuell gestalten
**Seidenmalerei**
(**1242**-X) Von A. Reichmann, 64 S., durchgehend vierfarbig, kart. ●●

**Kunstvolle Seidenmalerei**
Mit zauberhaften Ideen zum Nachgestalten
(**0783**-3) Von I. Demharter, 32 S., 56 Farbfotos, Pappband. ●

**Aquarellieren auf Seide**
Materialien · Techniken · Motive
(**0917**-8) Von I. Demharter, 32 S., 41 Farbfotos, Pappband. ●

**Seidenmalerei Landschaften**
(**5153**-0) Von D. Kosik, 32 S., 50 Farbfotos, 12 Zeichnungen, mit Vorlagebogen in Originalgröße, kart. ●

**Seidenmalerei Kissen**
(**5151**-4) Von I. Demharter, 32 S., 42 Farbfotos, 2 Zeichnungen, mit Vorlagebogen in Originalgröße, kart. ●

**Seidenmalerei Blusen und T-Shirts**
(**5184**-0) Von A. Keller, 32 S., 28 Farbfotos, 12 Zeichnungen, mit Vorlagebogen in Originalgröße, kartoniert. ●

**Seidenmalerei Tücher und Schals**
(**5152**-2) Von R. Henge, 32 S., 36 Farbfotos, 1 Zeichnung, mit Vorlagebogen in Originalgröße, kart. ●

**Seidenmalerei Tiermotive**
(**5204**-9) Von A. Keller, 32 S., 37 Farbfotos, mit Vorlagebogen in Originalgröße, kart. ●

Serti Designo
**Seidenmalerei mit Kreidestiften**
(**5208**-1) Von S. Tichy-Gibley, 32 S., 46 Farbfotos, mit Vorlagebogen in Originalgröße, kart. ●

**Seidenmalerei Lampenschirme**
(**5154**-9) Von I. Walter-Ammon, 32 S., 47 Farbfotos, 1 Zeichnung, mit Vorlagebogen in Originalgröße, kart. ●

**Seidenmalerei Blüten, Blätter, Ranken**
(**5165**-4) Von D. Kosik, 32 S., 35 Farbfotos, 4 Zeichnungen, mit Vorlagebogen in Originalgröße, kart. ●

**Seidenmalerei Schmuckkarten und Miniaturbilder**
(**5166**-2) Von I. Walter-Ammon, 32 S., 37 Farbfotos, 2 Zeichnungen, mit Vorlagebogen in Originalgröße, kart. ●

Akzente mit Perlen, Pailetten und Straß
**Seidenmalerei**
(**5248**-0) Von A. Keller, 32 S., ca. 50 Farbfotos, mit Vorlagebogen in Originalgröße, kart. ●

**Seidenmalerei Bilder in Konturentechnik**
(**5182**-4) Von I. Demharter, 32 S., 28 Farbfotos, 2 Zeichnungen, mit Vorlagebogen in Originalgröße, kart. ●

**Seidenmalerei Applikationen**
(**5224**-3) Von J. Bressau, 32 S., 50 Farbfotos, mit Vorlagebogen in Originalgröße, kart. ●

Das moderne Standardwerk
**Perfekt Stricken**
Mit Sonderteil Häkeln.
(**4250**-7) Von H. Jaacks, 256 S., 703 Farbfotos, 169 Farb- und 121 s/w-Zeichnungen, Pappband. ●●●●

Das moderne Standardwerk
**Nähen**
(**4709**-6) Von S. von Rudzinski, 176 S., vierfarbig, Pappband. ●●●

**Hobby Patchwork und Quilten**
(**0768**-X) Von B. Staub-Wachsmuth, 80 S., 108 Farbabb., 43 Zeichnungen, kart. ●●

**Marionetten**
selbst bauen und führen
(**1043**-5) Von D. Köhnen, 80 S., 150 Farbfotos, mit Schnittmusterbogen, kartoniert. ●●

**Fingerpuppen**
Bastelspaß mit Kindern ab 5 Jahren
(**5239**-1) Von B. Höfler, P. Simm, 32 S., ca. 50 Farbabb., mit Vorlagebogen in Originalgröße, kart. ●

**Hampelmänner**
Basteln mit Kindern ab 5 Jahren
(**5240**-5) Von F. Michalski, 32 S., ca. 50 Farbabb., mit Vorlagebogen in Originalgröße, kart. ●

**Charakterpuppen**
aus Cernit und Porzellan selbst gestalten
(**1156**-3) Von S. Becker, 64 S., 143 Farbfotos, 30 Zeichnungen, 13 Vignetten, mit Schnittmusterbogen, kartoniert. ●●

**Puppen zum Liebhaben**
(**5199**-9) Von B. Wehrle, 32 S., 27 Farbfotos, 9 s/w-Zeichnungen, mit Vorlagebogen in Originalgröße, kartoniert. ●

**Teddybären**
Sechs beliebte Modelle
(**5159**-X) Von Y. Thalheim, H. Nadolny, 32 S., 46 Farbfotos, 9 Zeichnungen, mit Vorlagebogen in Originalgröße, kart. ●

**Heißgeliebte Teddybären**
Selbermachen · Sammeln · Restaurieren.
(**0900**-3) Von H. Nadolny, Y. Thalheim, 80 S., 119 Farbfotos, 23 s/w-Zeichnungen, 14 S. Schnittmusterbogen, kart. ●●

**Neue zauberhafte Salzteig-Ideen**
(**0719**-1) Von I. Kiskalt, 80 S., 324 Farbfotos, 12 Zeichnungen, Schablonen, kart. ●●

**Salzteig kinderleicht**
(**0973**-9) Von I. Kiskalt, 80 S., 224 Farbfotos, 8 Zeichnungen, kart. ●●

Kreatives gestalten mit Ton
**Töpfern ohne Scheibe – Aufbaukeramik**
(**0896**-1) Von A. Riedinger, 80 S., 207 Farbfotos, 16 Zeichnungen, 7 Vignetten, kart. ●●

Kreatives Gestalten mit Ton
**Töpfern auf der Scheibe**
(**0971**-2) Von A. Riedinger, 80 S., 28 Farb- und 3 s/w-Zeichnungen, 178 Farbfotos, kartoniert. ●●

**Edles Porzellan**
(**4437**-2) Von M. Lutze, Prof. E. Lessing, 160 S., 175 Farbfotos, Leineneinband, mit Schutzumschlag, im Schuber. ●●●●●

**Hobby Glaskunst in Tiffany-Technik**
(**0781**-7) Von N. Köppel, 80 S., 194 Farbfotos, 6 s/w-Abb., kart. ●●

**Tiffany-Lampen selbermachen**
Arbeitsanleitung · Materialien · Modelle
(**0684**-5) Von I. Spliethoff, 32 S., 60 Farbfotos, 19 Zeichnungen, Pappband. ●

**Fensterbilder in Tiffany-Technik**
(**5168**-9) Von P. Matz, 32 S., 43 Farbfotos, mit Vorlagebogen in Originalgröße, kart. ●

**Tiffany-Technik**
und andere kunstvolle Arbeiten in Glas
(**0972**-0) Von D. Köhnen, 80 S., 176 Farbfotos, 5 s/w-Zeichnungen, kart. ●●

**Modeschmuck selbst modellieren**
(**5196**-4) Von K. Eichler, 32 S., 51 Farbfotos, mit Vorlagebogen in Originalgröße, kartoniert. ●

**Effekt-Color**
Phantasievolle Schmuck- und Deko-Ideen
(**5207**-3) Von A. Hahn, 32 S., 55 Farbfotos, mit Vorlagebogen in Originalgröße, kart. ●

Rocailles
**Perlenschmuck**
(**5209**-X) Von L. und E. Weiler, 32 S., 45 Farbfotos, 2 Zeichnungen, mit Vorlagebogen in Originalgröße, kart. ●

**Perlenschmuck**
(**5221**-9) Von H. Büderer, 32 S., 50 Farbfotos, mit Vorlagebogen in Originalgröße, kartoniert. ●

**Exklusiver Modeschmuck**
aus dem eigenen Atelier
(**0925**-9) Von J. Niemeier, J. Klein, 80 S., 141 Farbfotos, 25 Zeichnungen, kart. ●●

**Masken**
phantasievoll dekorieren
(**5155**-7) Von Chr. Familler, 32 S., 48 Farbfotos, mit Vorlagebogen in Originalgröße, kart. ●

**Laubsägearbeiten für das Kinderzimmer**
(**5245**-6) Von H.-P. Krafft, 32 S., ca. 50 Farbfotos, mit Vorlagebogen in Originalgröße, kart. ●

**Schwingtiere aus Holz gestalten**
(**5222**-7) Von der Arbeitsgem. Werken, 32 S., 50 Farbfotos, mit Vorlagebogen in Originalgröße, kartoniert. ●

**Hobby Drachen**
bauen und steigen lassen. (**0767**-1) Von W. Schimmelpfennig, 80 S., 1 dreiseitige Ausklapptafel, 55 Farbfotos, 139 Zeichnungen, kart. ●●

**Lenkdrachen**
bauen und fliegen
(**1011**-7) Von W. Schimmelpfennig, 64 S., 51 Farbfotos und 126 Zeichnungen, kartoniert. ●●

**Drachen**
Einfache Modelle für Kinder
(**5156**-5) Von W. Schimmelpfennig, 32 S., 11 Farbfotos, 31 Zeichnungen, mit Vorlagebogen, kart. ●

Das große farbige
**Bastelbuch für Kinder**
(**4254**-X) Von U. Barff, I. Burkhardt, J. Maier, 224 S., 157 Farbfotos, 430 Farb- und 60 s/w-Zeichnungen, mit Schnittmusterbogen, Pappband. ●●●

**Hobby Origami**
Papierfalten für groß und klein
(**0756**-6) Von Z. Aytüre-Scheele, 80 S., 820 Farbfotos, kart. ●●

**Neue zauberhafte Origami-Ideen**
Papierfalten für groß und klein
(**0805**-8) Von Z. Aytüre-Scheele, 80 S., 720 Farbfotos, kart. ●●

**Zauberwelt Origami**
Tierfiguren aus Papier
(**1045**-1) Von Z. Aytüre-Scheele, 80 S., 660 Farbfotos, kartoniert. ●●

**Pergamano**
Pergamentpapier filigran gestalten
(**5202**-2) Von J. Allmann, 32 S., 51 Farbfotos, 5 Zeichnungen, mit Vorlagebogen in Originalgröße, kart. ●

Kreatives Gestalten mit **Papiermaché**
(**5246**-4) Von B. Jetzek-Berkenhaus, 32 S., ca. 50 Farbfotos, mit Vorlagebogen in Originalgröße, kart. ●

**Marmorieren**
Muster · Techniken · Gestaltungsideen
(**5247**-2) Von T. Hartel, 32 S., ca. 50 Farbfotos, mit Vorlagebogen in Originalgröße, kart. ●

**Heut basteln wir mit Pappe und Papier**
(**4413**-5) Von U. Barff, J. Maier, 224 S., 117 Farbfotos, 480 Farbzeichn., 25 s/w-Abb., mit Schnittmusterbogen, Pappband. ●●●

**Das große farbige Bastel- und Werkbuch**
(**4439**-9) Von D. Rex, 256 S., 999 Farbfotos, 33 Farbzeichnungen, Pappband. ●●●●

Mein liebstes Spiel- und Bastelbuch
**Die Welt der Dinosaurier**
Tiere und Landschaften zum Selbermachen
Ausbrechen, aufstellen, spielen
(**4478**-X) Von B. Burkart, 8 Blatt mit herauslösbaren Motiven, 280-g-Karton mit Stanzung, 8 S. Bastelanleitung und Sachinformation. ●●

Mein liebstes Spiel- und Bastelbuch
**Leben auf dem Bauernhof**
Tiere und Motive zum Selbermachen
Ausbrechen, aufstellen, spielen
(**4479**-8) Von K. Lausche, 8 Blatt mit herauslösbaren Motiven, 280-g-Karton mit Stanzung, 8 S. Bastelanleitung und Sachinformation. ●●

**Schritt für Schritt zum Scherenschnitt**
Materialien · Techniken · Gestaltungsvorschläge. (**0732**-9) Von H. Klingmüller, 32 S., 38 Farbfotos, 34 Vorlagen, Pappband. ●

**Fensterbilder in Scherenschnitt**
(**5169**-7) Von A. Hahn, 32 S., 52 Farbfotos, 3 s/w-Fotos, mit Vorlagebogen in Originalgröße, kart. ●

**Fensterbilder**
**Meine Lieblingstiere**
(**5197**-2) Von Y. Thalheim, H. Nadolny, 32 S., 38 Farbfotos, mit Vorlagebogen in Originalgröße, kartoniert. ●

**Fensterbilder Lustige Tiere**
(**5210**-3) Von F. Michalski, 32 S., 47 Farbfotos, mit Vorlagebogen in Originalgröße, kart. ●

**Die schönsten Fensterbilder**
(**1066**-4) Von C. Kimmerle, 64 S., 100 Farbfotos, 7 Zeichnungen, kartoniert. ●●

**Das Fensterbilder-Alphabet**
Basteln mit Kindern ab 5 Jahren
(**5242**-1) Von E. Bohne, 32 S., ca. 50 Farbabb., mit Vorlagebogen in Originalgröße, kart. ●

**Märchenhafte Fensterbilder**
(**5185**-9) Von J. Maier, 32 S., 37 Farbfotos, mit Vorlagebogen in Originalgröße, kart. ●

**Fensterbilder Blumen und Tiere**
(**5186**-7) Von M. Twachtmann, 32 S., 41 Farbfotos, 3 Zeichnungen, mit Vorlagebogen in Originalgröße, kartoniert. ●

**Fensterschmuck**
Originelle Ideen für Dekorationen und Fensterbilder
(**1241**-1) Von D. Köhnen, 64 S., ca. 70 Farbfotos, Vorlagebogen, kart. ●●

**Papierflieger**
(**5157**-3) Von T. Gött, 32 S., 73 Farbfotos, 19 Zeichnungen, mit Vorlagebogen in Originalgröße, kart. ●

**Windspielzeug**
Bastelspaß mit Kindern ab 5 Jahren
(**5241**-3) Von D. Köhnen, 32 S., ca. 50 Farbabb., mit Vorlagebogen in Originalgröße, kart. ●

**Laternen und Lampions**
(**5206**-5) Von C. Hüfner, 32 S., 60 Farbfotos, mit Vorlagebogen in Originalgröße, kart. ●

**Mobiles aus Papier**
(**5183**-2) Von J. Maier, 32 S., 17 Farbfotos, 35 Farbzeichnungen, mit Vorlagebogen in Originalgröße, kartoniert. ●

**Schachteln basteln und dekorieren**
(**5170**-0) Von Chr. Adjano, 32 S., 55 Farbfotos, mit Vorlagebogen in Originalgröße, kart. ●

**Die große Schachtelparade**
(**4438**-0) Von Present Team, 16 vierfarbige Bogen, 250-g-Karton mit Schachtelstanzung mit 4 S. Einleitung. ●●●

Deco Art
**Die Kunst, Geschenke zu verpacken**
(**0949**-6) Von B. Niermann, 80 S., 78 Farbfotos, 191 Zeichnungen, kart. ●●

**Geschenke wunderschön verpacken**
(**1113**-X) Von P. Jansen, 80 S., 79 Farbfotos, 166 Farbzeichnungen, kart. ●●

**Geschenke umweltfreundlich verpacken**
(**1240**-3) Von P. Jansen, 64 S., vierfarbige Fotos und Illustrationen, kart. ●●

**Geldgeschenke · Gutscheine · Geschenkanhänger**
originell gestalten und verpacken
(**1115**-6) Von S. Haenitsch-Weiß, A. Weiß, 80 S., 176 Farbfotos, kart. ●●

**Geschenke verpacken für Kinderfeste**
(**5195**-6) Von C. Netolitzky, 32 S., 43 Farbfotos, mit Vorlagebogen in Originalgröße, kartoniert. ●

**Bunte Dekorationen für den Kindergeburtstag**
Mit Spielanleitung zum Fest der Tiere
(**4471**-2) Von S. Haenitsch-Weiß, A. Weiß, 8 vierfarbige Bogen 280-g-Karton mit Stanzung + 16 S. zweifarbige Ein/Anleitung. ●●

Originelles Ambiente für Gäste
**Festdekorationen**
(**1049**-4) Von B. Niermann, 80 S., 125 Farbfotos, 59 Farbzeichn., kartoniert. ●●

**Dekorative Schleifen**
aus Bändern und Papier
(**5205**-7) Von M. Schorege, 32 S., 28 Farbfotos, 31 Farbzeichnungen, mit Vorlagebogen in Originalgröße, kart. ●●

Dekorieren und Arrangieren mit
**Seidenblumen**
(**5200**-6) Von M. L. Sprang, 32 S., 37 Farbfotos, 14 Farbzeichnungen, mit Vorlagebogen in Originalgröße, kartoniert. ●

**Glückwunschkarten**
(**5179**-4) Von A. Kolb, B. Michel, 32 S., 54 Farbfotos, mit Vorlagebogen in Originalgröße, kartoniert. ●

**Schmuck- und Glückwunschkarten**
Papierarchitektur · Collagen · Faltschnittkarten
(**1114**-8) Von C. Sanladerer, 64 S., 55 Farbfotos, 31 Zeichnungen, kart. ●●

**Ostereier originell dekorieren**
(**5219**-7) Von W. Velte, 32 S., 44 Farbfotos, mit Vorlagebogen in Originalgröße, kartoniert. ●

**Dekorationen für Ostern**
(**5198**-0) Von Y. Thalheim, H. Nadolny, 32 S., 48 Farbfotos, mit Vorlagebogen in Originalgröße, kartoniert. ●

**Fensterbilder für die Osterzeit**
(**5244**-8) Von R. Lübke, D. Lübke, 32 S., ca. 50 Farbfotos, mit Vorlagebogen in Originalgröße, kart. ●

**Basteln für Ostern**
(**5164**-6) Von Chr. Adjano, 32 S., 47 Farbfotos, mit Vorlagebogen in Originalgröße, kartoniert. ●

**Ostereier**
Basteln mit Kindern ab 5 Jahren
(**5243**-X) Von Vera Ettelt, 32 S., mit Spielebogen, kart. ●

**Tischdekorationen für Ostern**
(**5220**-0) Von Chr. Adjano, 32 S., 49 Farbfotos, mit Vorlagebogen in Originalgröße, kartoniert. ●

**/eihnachtsgeschenke schön verpacken**
;chachteln · Dekorationen · Geschenkpapiere
**4469**-0) Von Present Team, 10 vierfarbige
3ogen 250-g-Karton mit Stanzung, 4 Bogen
;eschenkpapier + 4 S. Einleitung. ●●●

3asteln und dekorieren für
**Advent und Weihnachten**
**4446**-1) Von G. Teusen, C. Netolitzky, 176 S.,
285 Farbfotos, mit Bastelvorlagebogen, Papp-
band. ●●●

**3asteln für Weihnachten**
**5162**-X) Von Chr. Adjano, 32 S., 44 Farbfotos,
nit Vorlagebogen in Originalgröße, karto-
niert. ●

**=ensterdekorationen für die /eihnachtszeit**
**5181**-6) Von Y. Thalheim, H. Nadolny, 32 S.,
33 Farbfotos, mit Vorlagebogen in Original-
größe, kartoniert. ●

**=ensterbilder für Advent und /eihnachten**
**5211**-1) Von M. Schorege, 32 S., 24 Farbfotos,
5 Zeichnungen, mit Vorlagebogen in Origi-
nalgröße, kartoniert. ●

**Adventskränze und weihnachtliche ;estecke**
**5203**-0) Von Y. Thalheim, H. Nadolny, 32 S.,
43 Farbfotos, mit Vorlagebogen in Original-
größe, kartoniert. ●

**Adventskalender**
**5178**-6) Von Y. Thalheim, H. Nadolny, 32 S.,
35 Farbfotos, mit Vorlagebogen in Original-
größe, kartoniert. ●

**/eihnachtsbasteleien**
Advents- und Weihnachtsschmuck für groß
und klein
**0667**-5) Von M. Kühnle und S. Beck, 32 S.,
56 Farbfotos, 6 Zeichnungen, Pappband. ●

**)uftsträuße und Potpourris**
**1239**-X) Von A. Effelsberg, 80 S.,
ca. 200 vierfarbige Abb., kart. ●●

**Trockenblumenideen**
;ewürzsträuße, Gestecke, Kränze, Buketts
**0643**-8) Von R. Strobel-Schulze, 88 S.,
70 Farbfotos, kartoniert. ●●

**Neue zauberhafte Trockenblumen-Ideen**
**0821**-X) Von R. Strobel-Schulze, 80 S.,
63 Farbfotos, kart. ●●

**Phantasievolles Schminken**
/erzauberte Gesichter für Maskeraden,
Laienspiele und Kinderfeste
**0907**-0) Hrsg.: H. u. Y. Nadolny, 64 S.,
227 Farbfotos, kartoniert. ●●

**;chminken für Kinder**
**5177**-8) Von Y. Thalheim, H. Nadolny, 32 S.,
58 Farbfotos, mit Vorlagebogen in Original-
größe, kartoniert. ●

**Moderne Fotopraxis**
**4401**-1) Von G. Koshofer, Prof. H. Wedewardt,
224 S., 363 Farbfotos, 106 s/w-Fotos, 5 Farb-
und 24 s/w-Zeichnungen, Pappband. ●●●●

**Mach dir ein Bild**
Praxistips für Foto, Film und Video
**4410**-0) Von G. Staab, 208 S., 202 Farbfotos,
75 s/w-Fotos, 1 Zeichnung, Pappband. ●●●

**;o macht man bessere Fotos**
**1158**-X) Von G. Koshofer, 144 S., 259 Farb-
otos, 25 s/w-Fotos, kartoniert. ●●

**/ideografieren**
Filmen mit Video 8. Technik – Bildgestaltung
Schnitt – Vertonung.
**0843**-0) Von M. Wild, K. Möller, 120 S., 101
Farbfotos, 22 s/w-Fotos, 52 Zeichnungen,
kart. ●●●

**/ideografieren perfekt**
Profitricks für Aufnahmetechnik und
Nachbearbeitung
**0969**-0) Von W. Schild, 120 S., 144 Farbabb.,
5 s/w-Zeichnungen, kart. ●●●

## Do it yourself und Technik

Do it yourself
**Heimwerken**
(**4117**-9) Von T. Pochert, 456 S., 1103 Farb-
fotos, 100 Farbabb., Pappband. ●●●●

Do it yourself
**Dachgeschoß- und Innenausbau**
(**1243**-8) Von C. von Mallinckrodt, ca. 96 S.,
zahlreiche viefarbige Fotos und Zeichnungen,
kart. ●●

Do it yourself
**Kleinmöbel aus Holz**
(**0905**-4) Von O. Maier, 128 S., 210 Farbfotos,
80 Zeichnungen, kart. ●●

Do it yourself
**Sanitärinstallationen**
(**1118**-0) Von W. Kawlath, 96 S., 214 Farbabbil-
dungen, kartoniert. ●●

Do it yourself
**Metall bearbeiten**
(**1119**-9) Von O. Maier, 96 S., 230 Farbfotos,
6 s/w-Zeichnungen, kartoniert. ●●

Do it yourself
**Elektroarbeiten**
(**0975**-5) Von K. H. Schubert, 120 S., 193 Farb-
fotos, 40 Zeichnungen, kartoniert. ●●

Do it yourself
**Fahrrad-Reparaturen**
(**0796**-5) Von R. van der Plas, 112 S., 140 Farb-
fotos, 113 farbige Zeichnungen, kartoniert.
●●

**Möbel**
aufarbeiten, reparieren, pflegen
(**0386**-2) Von E. Schnaus-Lorey, 96 S.,
28 Fotos, 101 Zeichnungen, kartoniert. ●

**Restaurieren von Möbeln**
Stilkunde, Materialien, Techniken, Arbeits-
anleitungen in Bildfolgen.
(**4120**-9) Von E. Schnaus-Lorey, 152 S.,
37 Farbfotos, 75 s/w-Fotos, 352 Zeich-
nungen, Pappband. ●●●●

FALKEN-Heimwerker-Praxis
**Mofa- und Mopedreparaturen**
(**1008**-7) Von T. Kohlmey, 128 S., 280 Farb-
abbildg. und Zeichnungen, kartoniert. ●●

**Elektronik als Hobby**
Von der Grundlagenschaltung zum integrier-
ten Schaltkreis
Mit 8 wichtigen Universalplatinen
(**4293**-0) Von W. Priesterath, 264 S., 80 s/w-
Fotos, 128 Zeichnungen, Pappband. ●●●●

**Anlagenbau in Modultechnik**
für Modelleisenbahnen und Dioramen
(**0845**-7) Von J. Thal, 104 S., 68 Farbfotos,
28 Zeichnungen, kartoniert. ●●●

**Kleine Welt auf Rädern**
Das faszinierende Spiel mit **Modelleisen-
bahnen** (**4175**-6) Von F. Eisen, 256 S.,
72 Farb- und 180 s/w-Fotos, 25 Zeichnungen,
Pappband. ●●●

**Die Super-Sportwagen der Welt**
(**4423**-2) Von H. G. Isenberg, 194 S., 184 Farb-
fotos, 4 farbige Ausklapptafeln, 32 s/w-Fotos,
Pappband. ●●●●

**Die Super-Oldtimer der Welt**
(**4465**-8) Von H. G. Isenberg, 194 S.,
161 Farb- und 36 s/w-Fotos, 4 Ausklapptafeln,
Pappband. ●●●●

**Die Super-Trucks der Welt**
(**4257**-4) Von H. G. Isenberg, 194 S., 205 Farb-
fotos, 87 s/w-Fotos, 7 Farbzeichnungen,
4 farb. Ausklapptafeln, Pappband. ●●●●

**Die Super-Motorräder der Welt**
(**4193**-4) Von H. G. Isenberg, 192 S.,
170 Farb- und 100 s/w-Fotos, 8 Zeichnungen,
Pappband. ●●●●

**Die Super-Eisenbahnen der Welt**
(**4287**-6) Von W. Kosak, H. G. Isenberg,
224 S., 269 Farbfotos, 79 s/w-Fotos,
8 Vignetten, 5 farb. Ausklapptafeln,
Pappband. ●●●●

**Die Super-Dampfloks der Welt**
(**4480**-1) Von H. Faust, H. G. Isenberg, 194 S.,
193 Farbfotos, mit vier Ausklapptafeln,
Pappband. ●●●●

**Plastikmodellbau**
Autos, Schiffe, Flugzeuge in vollendeter
Technik.
(**1116**-4) Von W. Kawlath, 96 S., 272 Farb-
abbildungen, kartoniert. ●●

## Sport und Fitneß

**Olympia '92**
Barcelona, Albertville
(**4713**-4) Von H. Faßbender, ca. 272 S., durch-
gehend vierfarbig, Pappband. ●●●●

**Neue Lehrmethoden der Judo-Praxis**
(**0424**-9) Von P. Herrmann, 223 S., 475 Abb.,
kartoniert. ●●

**Judo perfekt 1**
(**1249**-7) Von K. Fuchs, 128 S., kart. ●●

**Fit mit Judo**
(**2319**-7) Von K. Fuchs, 112 S., 193 Farbfotos,
kartoniert. ●●

**Fußwürfe**
für Judo, Karate und Selbstverteidigung.
(**0439**-7) Von H. Nishioka, übers. von H. J.
Heese, 96 S., 260 Abb., kart. ●●

**Modernes Karate**
Das große Standardwerk mit 2279 Abbil-
dungen.
(**4280**-9) Von T. Okazaki, Dr. med. M. V. Strice-
vic, übers. von M. Pabst, 376 S.,
2279 s/w-Abb., Pappband. ●●●●●

**Nakayamas Karate perfekt 1**
Einführung.
(**0487**-7) Von M. Nakayama, 136 S.,
605 s/w-Fotos, kart. ●●

**Nakayamas Karate perfekt 2**
Grundtechniken.
(**0512**-1) Von M. Nakayama, 136 S.,
354 s/w-Fotos, 53 Zeichnungen, kart. ●●

**Nakayamas Karate perfekt 3**
Kumite 1: Kampfübungen.
(**0538**-5) Von M. Nakayama, 128 S.,
424 s/w-Fotos, kart. ●●

**Nakayamas Karate perfekt 4**
Kumite 2: Kampfübungen.
(**0547**-4) Von M. Nakayama, 128 S.,
394 s/w-Fotos, kart. ●●

**Nakayamas Karate perfekt 5**
Kata 1: Heian, Tekki.
(**0571**-7) Von M. Nakayama, 144 S.,
1229 s/w-Fotos, kart. ●●

**Nakayamas Karate perfekt 6**
Kata 2: Bassai-Dai, Kanku-Dai.
(**0600**-4) Von M. Nakayama, 144 S.,
1300 s/w-Fotos, 107 Zeichnungen, kart. ●●

**Nakayamas Karate perfekt 7**
Kata 3: Jitte, Hangetsu, Empi.
(**0618**-7) Von M. Nakayama, 144 S.,
1988 s/w-Fotos, 105 Zeichnungen, kart. ●●

**Nakayamas Karate perfekt 8**
Gankaku, Jion.
(**0650**-0) Von M. Nakayama, 144 S.,
1174 s/w-Fotos, 99 Zeichnungen, kart. ●●

**Fit mit Karate**
(**2308**-1) Von A. Pflüger, 96 S., 134 Farbfotos, 4 s/w-Zeichnungen, kart. ●●

**25 Shotokan-Katas**
Auf einen Blick: Karate-Katas für Prüfungen und Wettkämpfe.
(**0859**-7) Von A. Pflüger, 88 S., 185 s/w-Abb., 24 ganzseitige Tafeln mit über 1.600 Einzelschritten, kart. ●●

**Bo-Karate**
Habo-Jitsu – die Techniken des Stockkampfes.
(**0447**-8) Von G. Stiebler, 176 S., 424 s/w-Fotos, 38 Zeichnungen, kart. ●●

**Karate 1**
Einführung · Grundtechniken.
(**0227**-0) Von A. Pflüger, 144 S., 195 s/w-Fotos, 120 Zeichnungen, kart. ●

**Karate 2**
Kombinationstechniken · Katas.
(**0239**-4) Von A. Pflüger, 176 S., 452 s/w-Fotos und Zeichnungen, kart. ●

**Karate Kata 1**
Heian 1–5, Tekki 1, Bassai-Dai.
(**0683**-7) Von W.-D. Wichmann, 164 S., 703 s/w-Fotos, kart. ●●

**Karate Kata 2**
Jion, Empi, Kanku-Dai, Hangetsu.
(**0723**-X) Von W.-D. Wichmann, 140 S., 661 s/w-Fotos, 4 Zeichnungen, kart. ●●

**Karate Kata 3**
Bassai Sho, Kanku Sho, Nijushiho, Sochin.
(**1120**-2) Von W.-D. Wichmann, 144 S., 598 s/w-Fotos, 4 Grafiken, kart. ●●

Der König des Kung Fu
**Bruce Lee**
Sein Leben und Kampf
Von seiner Frau Linda
(**0392**-7) Von Linda Lee, 136 S., 104 s/w-Fotos, kartoniert. ●●

**Bruce Lees Kampfstil 1**
Grundtechniken
(**0473**-7) Von B. Lee, M. Uyehara, 109 S., 220 Abb., kart. ●

**Bruce Lees Kampfstil 2**
Selbstverteidigungs-Techniken
(**0486**-9) Von B. Lee, M. Uyehara, 128 S., 310 Abb., kart. ●

**Bruce Lees Kampfstil 3**
Trainingslehre
(**0503**-2) Von B. Lee, M. Uyehara, 112 S., 246 Abb., kart. ●

**Bruce Lees Kampfstil 4**
Kampftechniken
(**0532**-7) Von B. Lee, M. Uyehara, 104 S., 211 Abb., kart. ●

**Kung-Fu 1**
Legende · Philosophie · Grundtechniken
(**0891**-0) Von Chr. Yim, 152 S., 401 s/w-Fotos, 2 s/w-Zeichnungen, kart. ●●

**Kung-Fu und Thai-Chi**
Grundlagen und Bewegungsabläufe
(**0367**-6) Von B. Tegner, 182 S., 370 s/w-Fotos, kart. ●●

**Kung Fu**
Theorie und Praxis klassischer und moderner Stile
(**0376**-5) Von M. Pabst, 160 S., 330 Abbildungen, kartoniert. ●●

**Bruce Lees Jeet Kune Do**
(**0440**-0) Von B. Lee, 192 S., mit 105 eigenhändigen Zeichnungen von B. Lee, kart. ●●●

**Shaolin-Kempo – Kung-Fu**
Chinesisches Karate im Drachenstil.
(**0395**-1) Von R. Czerni, K. Konrad, 246 S., 723 Abb., kart. ●●

**Kickboxen**
Fitneßtraining und Wettkampfsport.
(**0795**-7) Von G. Lemmens, 96 S., 208 s/w-Fotos, 23 Zeichnungen, kart. ●●

**Ninja 1**
Die Lehre der Schattenkämpfer.
(**0758**-2) Von S. K. Hayes, übers. von J. Schmit, 144 S., 137 s/w-Fotos, kart. ●●

**Ninja 2**
Die Wege zum Shoshin.
(**0763**-9) Von S. K. Hayes, übers. von J. Schmit, 160 S., 309 s/w-Fotos, 2 Zeichnungen, kart. ●●

**Ninja 3**
Der Pfad des Togakure-Kämpfers.
(**0764**-7) Von S. K. Hayes, übers. von J. Schmit, 144 S., 197 s/w-Fotos, 2 Zeichnungen, kart. ●●

**Ninja 4**
Das Vermächtnis der Schattenkämpfer.
(**0807**-4) Von S. K. Hayes, übers. von J. Schmit, 196 S., 466 s/w-Fotos, kart. ●●

**Taekwondo perfekt 1**
Die Formenschule bis zum Blaugurt.
(**0890**-2) Von K. Gil, Kim Chul-Hwan, 176 S., 439 s/w-Fotos, 107 Zeichnungen, kart. ●●

**Taekwondo perfekt 2**
Die Formenschule vom Blau- bis zum Schwarzgurt.
(**0976**-3) Von K. Gil, K. Chul-Hwan, 192 S., 461 s/w-Fotos, 112 Zeichnungen, kart. ●●

**Taekwondo perfekt 3**
(**1068**-0) Von K. Gil, K. Chul-Hwan, 200 S., 429 s/w-Fotos, kartoniert. ●●

**Taekwondo perfekt 4**
(**1250**-0) Von K. Gil, 160 S., zahlreiche s/w-Fotos und Schrittdiagramme, 17 Übungstafeln zum Herausnehmen, kart. ●●●

**Taekwondo**
Koreanischer Kampfsport
(**0347**-1) Von K. Gil, 152 S., 408 Abbildungen, kartoniert. ●●●

**Ju-Jutsu als Wettkampf**
(**0826**-0) Von G. Kulot, 168 S., 418 s/w-Fotos, 2 Zeichnungen, kart. ●●

**Ju-Jutsu 1**
Grundtechniken · Moderne Selbstverteidigung.
(**0276**-9) Von W. Heim, F. J. Gresch, 164 S., 450 s/w-Fotos, 8 Zeichn., kart. ●

**Ju-Jutsu 2**
für Fortgeschrittene und Meister.
(**0378**-1) Von W. Heim, F. J. Gresch, 160 S., 798 s/w-Fotos, kart. ●●

**Ju-Jutsu 3**
Spezial-, Gegen- und Weiterführungs-Techniken · Stockkampfkunst.
(**0485**-0) Von W. Heim, F. J. Gresch, 200 S., über 600 s/w-Fotos, kart. ●●

**Aikido**
Lehren und Techniken des harmonischen Weges.
(**0537**-7) Von R. Brand, 280 S., 697 Abb., kart. ●●

**Hap Ki Do**
Koreanische Selbstverteidigung nach dem Lehrsystem des Großmeisters.
(**0379**-X) Von Kim Sou Bong, 112 S., 152 Abb., kart. ●●

**Dynamische Tritte**
Grundlagen für den Zweikampf.
(**0438**-9) Von C. Lee, 96 S., 398 s/w-Fotos, 10 Zeichnungen, kart. ●●

**Super-Tritte**
(**1248**-9) Von W. Wallace, 136 S., kart. ●●

**Selbstverteidigung**
Abwehrtechniken für Sie und Ihn.
(**0853**-8) Von E. Deser, 96 S., 259 s/w-Fotos, kart. ●

Die Faszination athletischer Körper
**Bodybuilding**
mit Weltmeister Ralf Möller.
(**4281**-7) Von R. Möller, 128 S., 169 Farbfotos, 14 s/w-Fotos, 1 Farbzeichnung, Pappband. ●●●●

**Ladyfitneß**
Das neue Körperbewußtsein der Frau
Bodyshaping · Körperpflege · Ernährung · Entspannung
(**4433**-X) Von Prof. Dr. S. Starischka, B. Grabis, D. von Cramm, G. W. Kienitz, 128 S., 227 Farbfotos, Pappband. ●●●

**Bodybuilding für Frauen**
Wege zu Ihrer Idealfigur
(**0661**-6) Von H. Schulz, 112 S., 84 s/w-Fotos, 4 Zeichnungen, kart. ●

**Fit mit Bodybuilding**
(**2314**-6) Von L. Spitz, 112 S., 203 Farbabbildungen, 10 Tabellen. ●●

**Bodybuilding**
Anleitung zum Muskel- und Konditionstraining für sie und ihn
(**0604**-7) Von R. Smolana, 160 S., 171 s/w-Fotos, kartoniert. ●●

**Leistungsfähiger durch Krafttraining**
Eine Anleitung für Fitness-Sportler, Trainer und Athleten.
(**0617**-9) Von W. Kieser, 96 S., 20 s/w-Fotos, 62 Zeichnungen, kart. ●

**Hanteltraining zu Hause**
(**0800**-7) Von W. Kieser, 80 S., 71 s/w-Fotos, 4 Zeichnungen, kartoniert. ●

**Fit und gesund**
Fitneßtraining und Bodybuilding zu Hause. Trainingsprogramme für Ihr Wohlbefinden.
(**0782**-5) Von Prof. Dr. S. Starischka, 80 S., 100 Farbfotos, 3 Zeichnungen, kart. ●●

**Optimale Ernährung**
für Krafttraining und Bodybuilding.
(**0912**-7) Von B. Dahmen, 88 S., 8 Farbtafeln, 8 Zeichnungen, kart. ●

**Fit mit Bio-Training**
für Kraft, Ausdauer und Schnelligkeit.
(**2310**-3) Von L. Spitz, 112 S., 197 Farbfotos, 11 Farb- und 4 s/w-Zeichnungen, kart. ●●

**Fitneßtraining**
Empfohlen vom Deutschen Sportbund
(**1245**-4) Von Marianne Schreiber, ca. 40 S., Spiralbindung mit Ausklapptafeln. ●●

**Wirbelsäulengymnastik**
Empfohlen vom Deutschen Sportbund
(**1246**-2) Von L. Keller, ca. 40 S., Spiralbindung mit Ausklapptafeln. ●●

**Stretching**
Empfohlen vom Deutschen Sportbund
(**1247**-0) Von A. Balk, ca. 40 S., Spiralbindung mit Ausklapptafeln. ●●

Gesund und fit durch **Konditionstraining und Wirbelsäulengymnastik**
(**0844**-9) Von R. Milser und K. Grafe, 104 S., 99 Farbfotos, 12 Farbzeichnungen, 5 s/w-Zeichnungen, kart. ●●

**Fit mit Tai Chi**
als sanfte Körpererfahrung
(**2305**-7) Von B. u. K. Moegling, 112 S., 121 Farbfotos, 6 Farb- u. 4 s/w-Zeichnungen, kart. ●●

**Isometrisches Training**
Übungen für Muskelkraft und Entspannung.
(**0529**-6) Von L. M. Kirsch, 104 S., 150 s/w-Fotos, kart. ●●

**Stretching**
Mit Dehnungsgymnastik zu Entspannung, Geschmeidigkeit und Wohlbefinden.
(**0717**-5) Von H. Schulz, 80 S., 90 s/w-Fotos, kart. ●

**Fit mit Stretching**
(**2304**-9) Von B. Kurz, 96 S., 255 Farbfotos, kart. ●●

**Gesund und fit durch Gymnastik**
(**0366**-8) Von H. Pilss-Samek, 88 S., 130 Abb., kart. ●

**Fit und frisch**
Gymnastik für die ganze Familie
(**6501**-9) Von G. Sieber, 104 S., 306 Farbfotos, 5 Farbzeichnungen, kart., mit Audiokassette, Laufzeit 30 Min. ●●●

**Fit mit Laufen**
(**2315**-4) Von W. Sonntag, 96 S., 60 Farbfotos, 8 Farbzeichnungen, kart. ●●

**Spaß am Laufen**
Jogging für die Gesundheit
(**0470**-2) Von W. Sonntag, 140 S., 41 s/w-Fotos, 1 Zeichnung, kartoniert. ●

**Freeclimbing**
Technik und Training
(**1251**-9) Von T. Strobl, 144 S., durchgehend vierfarbig, kart. ●●●

**Skateboard**
Material · Technik · Fahrpraxis
(**1104**-0) Von F. Böhm, M. Rieger, 96 S., 321 Farbabbildungen, kartoniert. ●●●

**Fit mit Sportschießen**
(**2312**-X) Von H. Gabelmann, 96 S., 44 Farbabbildungen, 3 s/w-Fotos, 19 s/w-Zeichnungen, kart. ●●

**Fechten**
Florett · Degen · Säbel.
(**0449**-4) Von E. Beck, 88 S., 185 Fotos, 10 Zeichnungen, kart. ●●

**Fit mit Sportabzeichen**
(**2307**-3) Von G. Hennige, 104 S., 107 Farbfotos, kart. ●●

**Volleyball**
Technik · Taktik · Regeln.
(**0351**-X) Von H. Huhle, 104 S., 330 Abb., kart. ●

**Fit mit Volleyball**
(**2302**-2) Von Dr. A. Scherer, 104 S., 27 Farb- und 1 s/w-Foto, 12 Farb- und 29 s/w-Zeichnungen, kart. ●●

**Fit mit Fußball**
(**2309**-X) Von H. Obermann, P. Walz, 112 S., 47 Farbfotos, 18 Farb- und 25 s/w-Zeichnungen, kart. ●●

**Sepp Maier**
**Super-Torwart-Training**
(**4451**-8) Von S. Maier, 168 S., 30 Farb- und 34 s/w-Fotos, 236 zweifarbige Zeichnungen, Pappband. ●●●

**SportRegeln Fußball**
Die offiziellen Regeln
Wissenswertes von A bis Z
(**1096**-6) 104 S., 36 s/w-Fotos, 27 Zeichnungen, kart. ●

**Handball**
Technik · Taktik · Regeln.
(**0426**-5) Von F. und P. Hattig, 128 S., 91 s/w-Fotos, 121 Zeichnungen, kart. ●●

**Handball**
Grundlagen für Training und Spiel
(**2321**-9) Von H.-P. Oppermann, 120 S., 39 Farbtafeln, 12 s/w-Fotos, 108 Farbzeichnungen, kartoniert. ●●

**SportRegeln Handball**
Die offiziellen Regeln
Wissenswertes von A bis Z
(**1099**-6) 88 S., 32 s/w-Fotos, 14 Zeichnungen, kart. ●

**SportRegeln Rugby**
Die offiziellen Regeln
Wissenswertes von A bis Z
(**1216**-0) 96 S., zahlreiche zweifarbige Abb., kart. ●

**Tennis**
Technik · Taktik · Regeln.
(**0375**-7) Von W. u. S. Taferner, 112 S., 81 Abb., kart. ●

**SportRegeln Tennis**
Die offiziellen Regeln
Wissenswertes von A bis Z
(**1097**-4) 88 S., 24 s/w-Fotos, 6 Zeichnungen, kart. ●

**Tischtennis-Technik**
Der individuelle Weg zu erfolgreichem Spiel.
(**0775**-2) Von M. Perger, 144 S., 296 Abb., kart. ●●

**SportRegeln Tischtennis**
Die offiziellen Regeln
Wissenswertes von A bis Z (**1252**-7) 96 S., zahlreiche zweifarbige Abb., kart. ●

**Badminton**
Technik · Taktik · Training.
(**0699**-3) Von K. Fuchs, L. Sologub, 168 S., 51 Abb., kart. ●●

**Fit mit Squash**
(**2311**-1) Von P. Langhammer, R. Michna, 96 S., 86 Farbfotos, 13 Farbzeichn., kart. ●●

**Squash**
Ausrüstung · Technik · Regeln
(**0539**-3) Von D. von Horn, H.-D. Stünitz, 96 S., 55 s/w-Fotos, 25 Zeichnungen, kart. ●

**SportRegeln Squash**
Die offiziellen Regeln
Wissenswertes von A bis Z
(**1100**-8) 64 S., 11 s/w-Fotos, 23 Zeichnungen, kart. ●

**Golf**
Ausrüstung und Technik.
(**0343**-9) Von J. C. Jessop, übersetzt von H. Biemer, mit einem Vorwort von H. Krings, Präsident des Deutschen Golf-Verbandes, 96 S., 57 Abb., Anhang Golfregeln des DGV, kart. ●

**Eishockey**
Lauf- und Stocktechnik, Körperspiel, Taktik, Ausrüstung und Regeln.
(**0414**-1) Von J. Capla, 264 S., 548 s/w-Fotos, 163 Zeichnungen, kart. ●●●

Grundlagen für Training und Spiel
**Pool-Billard**
(**2318**-9) Von B. Pejcic, R. Meyer, 96 S., durchgehend vierfarbig, kart. ●●

**Pool-Billard**
(**0484**-2) Herausgegeben vom Deutschen Pool-Billard-Bund. Von M.Bach, K.-W. Kühn, 104 S., 64 Abb., kart. ●

**Reiten**
(**2322**-7) Von I. Eckholt, 128 S., durchgehend vierfarbig, kart. ●●

**Tanzstunde**
Das Welttanzprogramm leicht gelernt
(**4409**-2) Von G. Hädrich, 164 S., 489 s/w-Fotos, 63 Zeichnungen, Pappband. ●●●

**Tanzen**
(**2303**-0) Von K. Richter, H. Kleinow, 96 S., 102 Farbfotos, kart. ●●

**Wir lernen Tanzen**
(**0200**-9) Von E. Fern, 152 S., 119 s/w-Fotos, 47 Zeichnungen, kartoniert. ●●

**Dancing**
Moderne Discotänze: mit Mambo und Salsa
(**0977**-1) Von B. und F. Weber, 96 S., 207 s/w-Fotos, kart. ●●

Anmutig und fit durch
**Bauchtanz**
(**0911**-9) Von Marta, 120 S., 229 Farbfotos, 6 s/w-Zeichnungen, kart. ●●●

**Sporttauchen**
Theorie und Praxis des Gerätetauchens
(**0647**-0) Von S. Müßig, 144 S., 8 Farbtafeln, 35 s/w-Fotos, 89 Zeichnungen, kart. ●●

**Fit mit Sporttauchen**
(**2320**-0) Von Dr. F. Naglschmid, 112 S., 71 Farbfotos, 21 Zeichnungen, kart. ●●

**Angelfischerei von Aal bis Zander**
Fische · Geräte · Technik.
(**0324**-2) Von H. Oppel, 72 S., 16 Farbtafeln, 49 s/w-Abb., kart. ●●

**Angeln**
Kleine Fibel für den Sportfischer.
(**0198**-3) Von E. Bondick, 80 S., 4 Farbtafeln, 116 Abb., kart. ●

**Fit mit Surfen**
(**2317**-3) Von H. Mönster, K.-H. Eden, B. Bohr, 104 S., 110 Farbfotos, 23 s/w-Zeichnungen, kartoniert. ●●

**TELESKI**
Skigymnastik perfekt
(**1037**-0) Von M. Vorderwülbecke, G. Kern, 120 S., 220 Farbfotos, 16 farbige Grafiken, 19 Farbzeichnungen, kartoniert. ●●

**Fibel für Kegelfreunde**
Sport- und Freizeitkegeln · Bowling
(**0191**-6) Von G. Bocsai, 72 S., 62 Abb., kart. ●

**Fit mit Kegeln**
(**2301**-4) Von G. Gromann, 96 S., 51 Farbfotos, 50 Farb- und 4 s/w-Zeichnungen, kart. ●●

**111spannende Kegelspiele**
(**2031**-7) Von H. Regulski, 80 S., 53 Zeichnungen, kart. ●

Beliebte und neue
**Kegelspiele**
(**0271**-8) Von H. Regulski, 92 S., 62 Abbildungen, kartoniert. ●

# Schach

**Einführung in das Schachspiel**
(**0104**-5) Von W. Wollenschläger und K. Colditz, 112 S., 116 Diagramme, kart. ●

**Schach, das königliche Spiel**
Von den Grundzügen zum strategischen Spiel.
(**1105**-9) Von T. Schuster, 192 S., 302 Diagramme, kart. ●●

**Spielend Schach lernen**
(**2002**-3) Von T. Schuster, 96 S., , kartoniert. ●

**Kinder- und Jugendschach**
Offizielles Lehrbuch des Deutschen Schachbundes zur Erringung der Bauern-, Turm- und Königsdiplome.
(**0561**-X) Von B. J. Withuis, H. Pfleger, 144 S., 220 Zeichnungen und Diagramme, kart. ●●

**Zug um Zug**
**Schach für jedermann 1**
Offizielles Lehrbuch des Deutschen Schachbundes zur Erringung des Bauerndiploms.
(**0648**-9) Von H. Pfleger, E. Kurz, 80 S., 24 s/w-Fotos, 8 Zeichn., 60 Diagramme, kart. ●

**Zug um Zug**
**Schach für jedermann 2**
Offizielles Lehrbuch des Deutschen Schachbundes zur Erringung des Turmdiploms.
(**0659**-4) Von H. Pfleger, E. Kurz, 128 S., 7 s/w-Fotos, 13 Zeichnungen, 78 Diagramme, kart. ●

**Zug um Zug**
**Schach für jedermann 3**
Offizielles Lehrbuch des Deutschen Schachbundes zur Erringung des Königsdiploms.
(**0728**-0) Von H. Pfleger, G. Treppner, 128 S., 4 s/w-Fotos, 84 Diagramme, 10 Zeichnungen, kart. ●●

**Schach für Fortgeschrittene**
Taktik und Probleme des Schachspiels
(**0219**-X) Von R. Teschner, 88 S., 85 Diagramme, kart. ●

**Neue Schacheröffnungen**
(**0478**-8) Von T. Schuster, 104 S., 100 Diagramme, kart. ●

# Mensch und Gesundheit

Der moderne Ratgeber
**Wir werden Eltern**
Schwangerschaft · Geburt · Erziehung des Kleinkindes.
(**4269**-8) Von B. Nees-Delaval, 376 S., 335 2-farbige Abb., Pappband. ●●●●

**Ich bekomme ein Kind**
Wegweiser für Schwangerschaft und Geburt
(**1254**-3) Von B. Nees-Delaval, 144 S., durchgehend zweifarbig, kart. ●●

**Wenn der Mensch zum Vater wird**
Ein heiter-besinnlicher Ratgeber
(**4259**-0) Von D. Zimmer, 160 S., 20 Zeichnungen, Pappband. ●●●

Vorbereitung auf die Geburt und
**Schwangerschaftsgymnastik**
Atmung, Rückbildungsgymnastik,
(**0251**-3) Von S. Buchholz, 112 S., 98 s/w-Fotos, kartoniert. ●

**Die Kunst des Stillens**
nach neuesten Erkenntnissen (**0701**-9) Von Prof. Dr. med. E. Schmidt, S. Brunn, 112 S., 20 Fotos und Zeichnungen, kart. ●

**Das Babybuch**
Pflege · Ernährung · Entwicklung
(**0531**-8) Von A. Burkert, 96 S., 76 zweifbg. Zeichnungen, 22 s/w-Zeichnungen, kart. ●●

**Babyfitneß**
Massage, Spiele, Gymnastik und Schwimmen für Kinder im 1. Lebensjahr
(**1034**-6) Von G. Zeiß, 112 S., 179 zweifarbige Illustrationen, , kartoniert. ●●

**Wenn Kinder krank werden**
Medizinischer Ratgeber für Eltern
(**4240**-X) Von Dr. med. I. J. Chasnoff, B. Nees-Delaval, 232 S., 163 Zeichnungen, Pappband. ●●●

**Keinen Mann um jeden Preis**
Das neue Selbstverständnis der Frau in der Partnerbeziehung
(**4440**-2) Von Shere Hite, Kate Colleran, 208 S., Pappband. ●●●

**Total verknallt ... und keine Ahnung?**
Alles über Liebe, Sex und Zärtlichkeit
(**1024**-9) Von H. Bruckner, R. Rathgeber, 104 S., 38 Abbildungen, kartoniert. ●●

**Sinnliche Liebe**
Sex und Partnerschaft
(**4436**-4) Von Dr. A. Stanway, 160 S., 60 vierfarbige Illustrationen, , Pappband. ●●●●

Streicheleinheiten für Körper und Seele
**Partnermassage**
(**4444**-5) Von Chr. Unseld-Baumanns, 136 S., 145 Farbfotos, Pappband. ●●●●

**Bildatlas des menschlichen Körpers**
(**4177**-2) Von G. Pogliani, V. Vannini, 112 S., 402 Farbabb., 28 s/w-Fotos, Pappband. ●●●

**Nahrungsmittelallergien**
So ernähren Sie sich richtig!
(**0913**-5) Von Priv.-Doz. Dr. med. Dr. med. habil. J. von Mayenburg, Prof. Dr. med. Dr. phil. S. Borelli, E. Polster, 136 S., kart. ●●

**Arteriosklerose**
Risikofaktoren/Vorbeugung/Therapie
Richtige Ernährung bei erhöhtem Cholesterinspiegel.
(**1020**-6) Von Prof. Dr. med. G. Assmann, Dr. troph. U. Wahrburg, 192 S., 84 farb. Abb., 4 s/w-Zeichnungen, kartoniert. ●●●

**Asthma**
Pseudokrupp, Bronchitis und Lungenemphysem
Krankheitsbilder · Diagnose · Therapie
(**1126**-1) Von Prof. Dr. med. W. Schmidt, S. Ertelt, 152 Seiten, 110 zweifarbige Zeichnungen, kartoniert. ●●●

**Diabetes**
Krankheitsbild, Therapie, Kontrollen, Schwangerschaft, Sport, Urlaub, Alltagsprobleme. Neueste Erkenntnisse der Diabetesforschung. (**0895**-3) Von Dr. med. H. J. Krönke, 120 S., 4 Farbtafeln, 14 s/w-Fotos, 13 s/w-Zeichnungen, kartoniert. ●

**Krampfadern**
Ursachen, Vorbeugung, Selbstbehandlung, Therapieverfahren. (**0727**-2) Von Dr. med. K. Steffens, 112 S., 38 Abb., kartoniert. ●

**Das moderne Hausbuch der Naturheilkunde**
Neueste Erkenntnisse der Ganzheitsmedizin von Akupressur bis Zelltherapie.
(**4403**-8) Von G. Leibold, 448 S., 263 Farbzeichn., 15 s/w-Fotos, , Pappband. ●●●●●

**Naturkosmetik**
Die Grundlagen gesunder und natürlicher Hautpflege.
(**1080**-X) Von N. E. Haas, 120 S., 63 Farbabb., kartoniert. ●●

Die sanfte Art des Heilens
**Homöopathie**
Praktische Anwendung und Arzneimittellehre
(**4418**-X) Von J. H. P. Kreuter, 216 S., 49 Zeichnungen, Pappband. ●●●

**Aromatherapie**
Gesundheit und Entspannung durch ätherische Öle.
(**1131**-8) Von K. Schutt, 96 S., 40 zweifarbige Abbildungen, kartoniert. ●●

**Heilatmen**
Ein Weg zu Lebenskraft und innerer Harmonie
(**1047**-8) Von K. Schutt, 112 S., 57 zweifarbige Abb., kartoniert. ●●

**Wetterfühligkeit**
Vorbeugen und behandeln
Der Einfluß von Wetter und Klima auf Körper und Psyche.
(**0998**-4) Von Dipl.-Met. H. Trenkle, fachl. Beratung Prof. Dr. V. Faust, 120 S., 8 Farbtafeln, 31 zweifarbige Abbildungen und Tabellen, kartoniert. ●●

Bewährte Naturheilverfahren bei
**Herz-Kreislauf-Erkrankungen**
(**1084**-2) Von Dr. med. O. Wolff, G. Leibold, 104 S., kartoniert. ●

**Risiko Herzinfarkt**
(**1217**-9) Von Dr. C. Halhuber, Prof. Dr. M. J. Halhuber, 160 S., durchgehend zweifarbig, kart. ●●●

**Krebsangst und Krebs behandeln**
Mit einem Vorwort von Prof. Dr. med. Friedrich Douwes.
(**0839**-2) Von G. Leibold, 104 S., kartoniert. ●

Bewährte Naturheilverfahren bei
**Krebs**
(**1082**-6) Hrsg. H.-R. Heiligtag, 88 S., kartoniert. ●

**Heilen mit Blütenenergien**
nach Dr. Bach
(**1141**-5) Von J. Wenzel, ca. 96 S., kart. ●

Bewährte Naturheilverfahren bei
**Migräne und Schlafstörungen**
(**1081**-8) Von G. Leibold, Dr. med. H. Chr. Scheiner, 112 S., kartoniert. ●

**Gesunder Schlaf**
Schlafstörungen ohne Medikamente erfolgreich behandeln.
(**1036**-2) Von D. H. Alke, 88 S., 22 s/w-Abb., mit Audiokassette, kartoniert. ●●●

Natürliche Behandlungsmethoden bei
**Rückenschmerzen**
Massage · Gymnastik · Entspannung
(**4447**-X) Von Prof. Dr. med. H. Hess, K. Eder, H.-J. Montag, K. Schutt, 152 S., 168 Farbabbildungen, Pappband. ●●●

Bewährte Naturheilverfahren bei
**Rückenschmerzen**
mit Spezialthema Alta-Major-Methode
(**1140**-7) Von G. Leibold, ca. 96 S., kart. ●

**Rheuma behandeln und lindern**
Mit einem Vorwort von Dr. med. Max-Otto Bruker.
(**0836**-8) Von G. Leibold, 96 S., kartoniert. ●

**Besser sehen durch Augentraining**
Ein Gesundheitsprogramm zur Verbesserung des Sehvermögens.
(**0914**-3) Von K. Schutt, B. Rumpler, 96 S., 32 s/w-Zeichnungen, kartoniert. ●

So arbeitet das
**Immunsystem**
(**1253**-5) Von V. Friebel, I. Ledvina, A. Roßmeier, 192 S., durchgehend zweifarbig, kart. ●●●

**Allergien behandeln und lindern**
Mit einem Vorwort von Prof. Dr. med. Axel Stemmann.
(**0840**-6) Von G. Leibold, 96 S., 4 Zeichnungen, kartoniert. ●

**Enzyme**
Vitalstoffe für die Gesundheit
(**0677**-2) Von G. Leibold, 96 S., kartoniert. ●

**Kneippkuren zu Hause**
(**0779**-5) Von G. Leibold, 112 S., 25 Zeichnungen, kartoniert. ●

**Besser leben durch Fasten**
(**0841**-4) Von G. Leibold, 96 S., kartoniert. ●

**Die echte Schroth-Kur**
(**0797**-3) Von Dr. med. R. Schroth, 88 S., 2 s/w-Fotos, kartoniert. ●

Massagetechniken und Heilanzeigen
**Reflexzonentherapie**
(**4404**-6) Von G. Leibold, 128 S., 53 Farbzeichnungen, Pappband. ●●●

**Akupressur** zur Eigenbehandlung
(**0417**-6) Von G. Leibold, 112 S., 78 Abb., kartoniert.●

**Shiatsu-Massage**
Harmonisierung der Energieströme im Körper
(**0615**-2) Von G. Leibold, 196 S., 180 Abb., kartoniert. ●●●

**Fußsohlenmassage**
Heilanzeigen · Technik · Selbsthilfe
(**0714**-0) Von G. Leibold, 96 S., 38 Zeichnungen, kartoniert. ●

Entspannung und Schmerzlinderung durch
**Massage**
(**0750**-7) Von B. Rumpler, K. Schutt, 112 S., 116 zweifarbige Zeichnungen, kart. ●

**Entspannung**
(**0834**-1) Von Dr. Med. Chr. Schenk, 88 S., 29 Zeichnungen, kart. ●

**Autogenes Training**
Ein Programm zur Streßbewältigung
(**1278**-0) Von Dr. P. Kruse, B. Pavlekovic, K. Haak, 112 S., durchgehend zweifarbig, kart. ●●●

Erfolg und Lebensfreude durch
**Autogenes Training und Psychokybernetik**
(**1035**-4) Von D. H. Alke, 80 S., 2 s/w-Zeichnungen, mit Audiokassette, kartoniert. ●●●

**Hypnose und Autosuggestion**
Methoden · Heilwirkungen · praktische Beispiele. (**0483**-4) Von G. Leibold, 120 S., 9 Illustrationen, kart. ●●

Chinesisches Schattenboxen
**Tai-Ji-Quan**
für geistige und körperliche Harmonie
(**0850**-3) Von F.T. Lie, 120 S., 221 s/w-Fotos, 9 s/w-Zeichnungen, Beilage: 1 s/w-Poster mit zahlreichen Abbildungen, kart. ●●

**Yoga für jeden**
(**1277**-2) Von K. Zebroff, 144 S., Spiralbindung, durchgehend vierfarbig, kart. ●●●

**Yoga**
Weg zur Harmonie
(**4417**-8) Von A. Harf, W. von Rohr, 176 S., 171 Farbfotos, 12 s/w-Zeichnungen, Pappband. ●●●●

**Yoga gegen Haltungsschäden und Rückenschmerzen**
(**0394**-3) Von A. Raab, 104 S., 215 Abb., kartoniert. ●

Neue Rezepte für **Diabetiker-Diät**
Vollwertig · abwechslungsreich · kalorienarm
(**0418**-4) Von M. Oehlrich, 96 S., 8 Farbtafeln, kartoniert. ●

**Diät bei Herzkrankheiten und Bluthochdruck**
Rezeptteil von B. Zöllner
(**3202**-1) Von Prof. Dr. med. H. Rottka, 92 S., 4 Farbtafeln, kartoniert. ●●

**Diät bei Erkrankungen der Nieren, Harnwege und bei Dialysebehandlung**
Rezeptteil von B. Zöllner.
(**3203**-X) Von Prof. Dr. med. Dr. h. c. H. J. Sarre und Prof. Dr. med. R. Kluthe, 96 S., 33 Farbfotos, 1 s/w-Zeichnung, kartoniert. ●●

**Richtige Ernährung wenn man älter wird**
Rezeptteil von B. Zöllner
(**3204**-8) Von Prof. Dr. med. H.-J. Pusch, 96 S., 36 Farbfotos und 3 s/w-Zeichnungen, kartoniert. ●●

**Diät bei Darmkrankheiten**
Durchfall · Divertikulose, Reizdarm und Darmträgheit · einheimische Sprue (Zöllakie) · Disaccharidasemangel · Dünndarmresektion · Dumping Syndrom, Rezeptteil von B. Zöllner.
(**3211**-0) Von Prof. Dr. med. G. Strohmeyer, 88 S., 4 Farbtafeln, kartoniert. ●●

**Diät bei Gicht und Harnsäuresteinen**
Rezeptteil von B. Zöllner.
(**3205**-6) Von Prof. Dr. med. N. Zöllner, 112 S., 35 Farbtafeln, kartoniert. ●●

**Diät bei Zuckerkrankheit**
Rezeptteil von B. Zöllner (**3206**-4) Von Prof. Dr. med. P. Dieterle, 112 S., 42 Farbfotos, 4 vierfarbige Vignetten, 1 s/w-Zeichnung, kartoniert. ●●

**Diät bei Störungen des Fettstoffwechsels und zur Vorbeugung der Arteriosklerose**
Rezeptteil von B. Zöllner.
(**3208**-0) Von Prof. Dr. med. G. Wolfram, 102 S., 32 Farbfotos, kartoniert. ●●

**Ballaststoffreiche Kost bei Funktionsstörungen des Darms**
Rezeptteil von B. Zöllner.
(**3212**-9) Von Prof. Dr. med. H. Kasper, 96 S., 34 Farbfotos, 1 s/w-Foto, kart. ●●

**Diät bei Krankheiten des Magens und Zwölffingerdarms**
Rezeptteil von B. Zöllner
(**3201**-3) Von Prof. Dr. med. H. Kaess, 96 S., 35 Farbfotos, 1 s/w-Zeichnung, kartoniert ●●

**Diät bei Krankheiten der Gallenblase, Leber und Bauchspeicheldrüse**
Rezeptteil von B. Zöllner.
(**3207**-2) Von Prof. Dr. med. H. Kasper, 88 S., 35 Farbfotos, 1 s/w-Zeichnung, , kart. ●●

**Diät bei Übergewicht**
Rezeptteil von B. Zöllner.
(**3209**-9) Von Prof. Dr. med. Ch. Keller, 104 S., 42 Farbfotos, 3 s/w-Zeichnungen, kart. ●●

# Garten und Tiere

**Garten heute**
Der moderne Ratgeber · Über 1000 Farbbilder. (**4283**-3) Von H. Jantra, 384 S., über 1000 Farbabb., Pappband. ●●●●

**Helmut Jantras Gartenbuch**
Obst · Gemüse · Blumen
(**4522**-0) Von H. Jantra, 200 S., 395 Farbfotos, 123 Farbzeichnungen, 25 Tabellen, Pappband. ●●

**1000 ganz bewährte Garten-Tips**
(**4453**-4) Von H. Jantra, 320 S., 288 zweifarbige und 62 s/w-Zeichnungen, , Pappband. ●●●

Obst, Gemüse, Blumen, Gras
**Gärtnern macht den Kindern Spaß**
(**4517**-4) Von U. Krüger, 96 S., 85 Farbfotos, 180 Farbzeichznungen, Pappband. ●●

**Rosen**
Auswahl · Pflege · Gestaltung
(**1183**-0) Von H. Jantra, 120 S., 200 Farbfotos, 20 Farbzeichnungen, 8 Bepflanzungspläne, kartoniert. ●●

**Erfolgstips für den Obstgarten**
Gesunde Früchte durch richtige Sortenwahl und Pflege
(**0827**-9) Von F. Mühl, 184 S., 16 Farbtafeln, 33 Zeichnungen, kartoniert. ●●

**Erfolgstips für den Gemüsegarten**
Mit naturgemäßem Anbau zu höherem Ertrag. (**0674**-8) Von F. Mühl, 80 S., 30 s/w-Fotos, 4 Zeichnungen, kartoniert. ●

**Obstgehölze sachgemäß schneiden**
(**1127**-X) Von P. G. Wilhelm, ca. 128 S., ca. 50 zweifarbige und 200 s/w-Zeichnungen, kartoniert. ●●

Erfolgreich gärtnern mit
**Frühbeet und Folie**
(**0828**-7) Von Dr. Gustav Schoser, 88 S., 8 Farbtafeln, 46 s/w-Fotos, kartoniert. ●

**Gesunde Zierpflanzen im Garten**
Krankheiten erkennen und behandeln. Mit neuen Diagnose-System.
(**4429**-1) Von Prof. Dr. G. Stelzer, 208 S., 456 Farbfotos, 5 s/w- und 5 Farbzeichnungen, Pappband. ●●●●

**Erfolgreich gärtnern**
durch naturgemäßen Anbau
(**4252**-3) Von I. Gabriel, 416 S., 176 Farbfotos, 212 Farbzeichnungen, Pappband. ●●●

**Aktion Garten ohne Gift**
Gesunde Umwelt durch natürlichen Pflanzenschutz.
Ein Praxis-Handbuch von E. Hoplitschek u. B. M. Tegethoff. (**4425**-9) 176 S., 250 Farbfotos, 35 Farb- und 29 s/w-Zeichnungen, Pappband. ●●●●

**Neuanlage eines Biogartens**
Planung, Bodenvorbereitung, Gestaltung
(**0721**-3) Von I. Gabriel, 128 S., 73 Farbfotos, 39 Zeichnungen, kartoniert. ●●

**Gesunde Pflanzen im Biogarten**
Biologische Maßnahmen bei Schädlingsbefall und Pflanzenkrankheiten.
(**0707**-8) Von I. Gabriel, 128 S., 126 Farbfotos, kartoniert. ●●

**Kompost im Hausgarten**
herstellen und anwenden
(**1258**-6) Von H. Abels, J. Jöstingmeier, ca. 30 zweifarbige Zeichnungen, kart. ●

**Der biologische Zier- und Wohngarten**
Planen, Vorbereiten, Bepflanzen und Pflegen
(**0748**-5) Von I. Gabriel, 128 S., 72 Farbfotos, 46 Farbzeichnungen, kartoniert. ●●

**Natürlich gärtnern unter Glas und Folie**
Anbauen und ernten rund ums Jahr
(**0722**-1) Von I. Gabriel, 128 S., 62 Farbfotos, 45 Farbzeichnungen, kartoniert. ●●

**Dekorative Kübelpflanzen**
Auswahl und Plfege
(**1074**-5) Von H. Jantra, 112 S., 180 Farbfotos, 35 Farbzeichnungen, kartoniert. ●●

**Blütenpracht auf Balkon und Terrasse**
(**0928**-3) Von M. Haberer, 88 S., 139 Farbfotos, kartoniert. ●●

**Moderne Gartengestaltung**
(**1255**-1) Von K. Greiner, A. Weber, 128 S., mit Rasterbogen und Planelementen zum Ausschneiden, ca. 120 Farbfotos, ca. 20 vierfarbige Pläne, kart. ●●●

Gestaltungsideen für
**Schöne Gärten**
(**4482**-8) Von H. Jantra, 168 S., 309 Farbfotos, 3 s/w-Fotos, , Pappband. ●●●●●

**Der pflegeleichte Hausgarten**
(**1170**-9) Von H. Jantra, 112 S., vierfarbige Abb., kart. ●●

**Schöne Kräutergärten**
(**1256**-X) Von H. Jantra, 112 S., vierfarbige Abb., kart. ●●

**Kleingärten**
Planen · Anlegen · Pflegen
(**1015**-X) Von H. Jantra, 88 S., 123 Farbfotos, 1 s/w-Foto, 14 Farbzeichnungen, , kart. ●●

**Reihenhausgärten**
Planen · Anlegen · Pflegen
(**1016**-8) Von H. Jantra, 104 S., 134 Farbfotos, 45 Farbzeichnungen, kart. ●●

**Kletterpflanzen**
Mit Sonderteil Dachbegrünung
(**4546**-8) Von U. Mehl, K. Werk, 128 S., ca. 150 Farbfotos, farbige und s/w-Zeichnungen, Pappband. ●●●●

**Steingärten** Wirkungsvoll gestalten und sachgerecht pflegen
(**4452**-6) Von A. Throll-Keller, 128 S., 203 Farbfotos, 56 Farbzeichnungen, Pappband. ●●●●

**Gartenteiche, Tümpel und Weiher**
naturnah anlegen und pflegen
(**1073**-7) Von Dr. F. Liedl, H. Goos, 80 S., 87 Farbfotos, 39 Farbzeichnungen, kart. ●●

**Wasser im Garten**
Von der Vogeltränke zum Naturteich · Natürliche Lebensräume selbst gestalten.
(**4230**-2) Von H. Hendel, P. Keßeler, 240 S., 315 Farbabb., 11 s/w-Fotos, Pappband. ●●●●●

**Mein kleiner Gartenteich**
planen · anlegen · pflegen
(**0851**-1) Von I. Polascheck, 144 S., 108 Farbabb. 6 s/w-Zeichnungen, kart. ●●

**Pflanzen und Tiere für den Gartenteich**
(**1171**-7) Von W. Costa, 128 S., 169 Farbfotos, 40 Farbzeichnungen, 8 Bepflanzungspläne, kartoniert. ●●

**Wintergärten**
Das Erlebnis, mit der Natur zu wohnen. Planen, Bauen und Gestalten.
(**4256**-6) Von LOG ID, 136 S., 130 Farbfotos, 107 Zeichnungen, Pappband. ●●●●

Rund ums Jahr erfolgreich gärtnern
**Gewächshäuser**
planen · bauen · einrichten · nutzen
(**4408**-9) Von Dr. G. Schoser, J. Wolff, 232 S., 368 Farbabb., 5 s/w-Fotos, Pappband. ●●●●●

Das moderne Handbuch **Zimmerpflanzen**
(**4416**-X) Von H. Jantra, 304 S., 766 Farbfotos, 64 Farb- und 19 s/w-Zeichnungen, Pappband. ●●●●

**365 Erfolgtips für schöne Zimmerpflanzen**
(**0893**-7) Von H. Jantra, 144 S., 215 Farbfotos, kartoniert. ●●

**Dekorative Blattpflanzen**
Auswahl und Pflege
(**1128**-8) Von H. Jantra, 128 S., 198 Farbfotos, 20 Farbzeichnungen, kartoniert. ●●

Prof. Stelzers grüne Sprechstunde
**Gesunde Zimmerpflanzen**
Krankheiten erkennen und behandeln. Mit neuem Diagnosesystem.
(**4274**-4) Von Prof. Dr. G. Stelzer, 192 S., 410 Farbfotos, 10 s/w-Zeichnungen, Pappband. ●●●●

**Hydrokultur**
Pflanzen ohne Erde – mühelos gepflegt.
(**0944**-5) Von H.-A. Rotter, 144 S., 167 Farbfotos, 13 Farbzeichnungen, kart. ●●

Gesunde Pflanzen in
**Hydrokultur**
(**1257**-8) Von H.-A. Rotter, ca. 80 S., ca. 60 s/w-Zeichnungen, ca. 8 Farbtafeln, kart. ●

**Bonsai** Japanische Miniaturbäume und Miniaturlandschaften. Anzucht, Gestaltung und Pflege.
(**4091**-1) Von B. Lesniewicz, 160 S., 106 Farbfotos, 46 s/w-Fotos, 115 Zeichnungen, gebunden. ●●●●●

**Fibel für Kakteenfreunde**
(**0199**-1) Von H. Herold, 102 S., 23 Farbfotos, 37 s/w-Abb. kartoniert. ●

Grzimek Juniors **BUNTE TIERWELT**
(**4295**-7) Von Chr. Grzimek, 208 S., 308 Farbfotos, Pappband. ●●●

**Hunde**
Rassen · Ausbildung · Pflege · Zucht
(**4118**-7) Von H. Bielfeld, 192 S., 222 Farb- und 73 s/w-Abb., Pappband. ●●●●

**Das neue Hundebuch**
Rassen · Aufzucht · Pflege (**0009**-X) Von W. Busack, überarbeitet von Dr. med. vet. A. H. Hacker und H. Bielfeld, 112 S., 8 Farbtafeln, 27 s/w-Fotos, 6 Zeichnungen, kartoniert. ●

**Alles über Dackel, Teckel und Dachshunde**
(**1079**-6) Von M. Wein-Gysae, 80 S., 46 Farbfotos, 2 zweifarbige Zeichnungen, kart. ●●

**Hundeausbildung**
Verhalten · Gehorsam · Ausbildung
(**0346**-3) Von R. Menzel, 88 S., 26 Fotos, kartoniert. ●

**Grundausbildung für Gebrauchshunde**
Schäferhund, Boxer, Rottweiler, Dobermann, Riesenschnauzer, Airedaleterrier, Hovawart und Bouvier.
(**0801**-5) Von M. Schmidt und W. Koch. 104 S., 8 Farbtafeln, 51 s/w-Fotos, 5 s/w-Zeichnungen, kartoniert. ●

**Der Hund in der Familie**
(**1014**-1) Von J. Werner, 128 S., 106 Farbfotos, kartoniert. ●●

**Der Deutsche Schäferhund**
(**1091**-5) Von U. Förster, 112 S., 47 Farbzeichnungen, 2 s/w-Fotos, kartoniert. ●●

**Der Deutsche Schäferhund**
Aufzucht · Pflege und Ausbildung
(**0073**-1) Von A. Hacker, 104 S., 56 Abbildungen, kartoniert. ●

**Alles über junge Hunde**
(**0863**-5) Von Dr. med. vet. E. M. Bartenschlager, 64 S., 49 Farbfotos, 6 Zeichnungen, kartoniert. ●

**Richtige Hundeernährung**
(**0811**-2) Von Dr. med. vet. E. M. Bartenschlager, 80 S., 51 Farbfotos, 4 Farbzeichn, kartoniert. ●●

**Hundekrankheiten**
(**1077**-X) Von Dr. med. vet. R. Spangenberg, 96 S., 44 Farb- und 1 s/w-Foto, 22 Farbzeichnungen, kartoniert. ●●

Von Ajax bis Zamperl
**Die beliebtesten Hunde-Namen**
(**1174**-1) Von H.-J. Schließke, ca. 80 S., kartoniert. ●

**Katzen**
Rassen · Verhalten · Pflege · Zucht
(**4158**-6) Von B. Gerber, 176 S., 294 Farb- und 88 s/w-Fotos, Pappband. ●●●●

**Das neue Katzenbuch**
Rassen · Aufzucht · Pflege.
(**0427**-3) Von B. Eilert-Overbeck, 120 S., 14 Farbfotos, 26 s/w-Fotos, kartoniert. ●

**Katzenkrankheiten**
erkennen und behandeln
(**1078**-8) Von Dr. med. vet. R. Spangenberg, 104 S., 40 Farbfotos und 11 Farbzeichnungen, kartoniert. ●●

**Junge Katzen**
(**0862**-7) Von Dr. med. vet. E. M. Bartenschlager, 72 S., 40 Farbfotos, 4 Farbzeichnungen, kartoniert. ●

**Pferde**
(**4186**-1) Von H. Werner, 176 S., 196 Farb- und 50 s/w-Fotos, 100 Zeichnungen, Pappband. ●●●●

**Reiten im Bild**
(**0415**-X) Von H. Werner, 128 S., 142 Farbfotos, 107 Farbzeichnungen, kartoniert. ●●

**Der Hobby-Imker**
(**0978**-X) Von Dr. R. F. A. Moritz, 144 S., 106 zweifarbige Zeichnungen, kartoniert. ●●

**Geflügelhaltung als Hobby**
(**0749**-3) Von M. Baumeister, H. Meyer, 184 S., 8 Farbtafeln, 47 s/w-Fotos, 15 zweifarbige Zeichnungen, kartoniert. ●●

**Sittiche und kleine Papageien**
(**0864**-3) Von Dr. med. vet. E. M. Bartenschlager, 88 S., 84 Farbfotos, 9 Zeichnungen, kartoniert. ●●

**Alles über Wellensittiche**
(**1129**-6) Von H. Bielfeld, 64 S., 53 Farbfotos, 3 Zeichnungen, kartoniert. ●●

**Alles über Kanarienvögel**
(**0901**-1) Von H. Schnoor, 64 S., 58 Farbfotos und Zeichnungen, kartoniert. ●

Die Tiersprechstunde
**Artgerechte Vogelfütterung im Winter**
(**0908**-9) Von Dr. W. Keil, 64 S., 51 Farbfotos und Zeichnungen, kartoniert. ●

**Süßwasser-Aquarium**
(**4191**-8) Von H. J. Mayland, 288 S., 564 Farbfotos, 75 Zeichnungen, Pappband. ●●●●●

Die Tiersprechstunde
**Gesunde Fische im Süßwasseraquarium**
(**1013**-3) Von H. J. Mayland, 96 S., 73 Farbfotos, 10 Zeichnungen, kartoniert. ●●

**Tiere im Wassergarten**
(**0808**-2) Von Dr. med. vet. E. M. Bartenschlager, 96 S., 84 Farbfotos, 7 Zeichnungen, kartoniert. ●●

Die Tiersprechstunde
**Alles über Zwerg- und Goldhamster**
(**1012**-5) Von M. Mettler, 96 S., 96 Farbfotos, kartoniert. ●

**Alles über Chinchillas und Degus**
(**1130**-X) Von M. Mettler, 96 S., 80 Farbfotos, 3 Zeichnungen, kartoniert. ●●

**Alles über Meerschweinchen**
(**0809**-0) Von Dr. med. vet. E. M. Bartenschlager, 72 S., 43 Farbfotos, 11 Farbzeichnungen, kartoniert. ●●

**Alles über Zwergkaninchen**
(**1075**-3) Von M. Mettler,. 64 S., 52 Farbfotos, kartoniert. ●●

## Reise

**Streifzüge durch die deutsche Kulturgeschichte**
(**4490**-9) Von L. von Saalfeld, Dr. D. Kreidt, U. Stöckel, A. Hürmer, 208 S., über 100 Farbfotos, 52 Lagepläne, Pappband. ●●●

**Berlin**
**Die neue Metropole**
(**1145**-8) Von R. Mader, 96 S., 116 Farbfotos, 15 hist. Landschafts- und Städteabbildungen,1 Stadtplan, kartoniert. ●●

**An der Ostseeküste in Mecklenburg**
(**1137**-7) Von R. Mader, 96 S., 94 Farbfotos, 18 hist. Städte- und Landschaftsabbildungen, kartoniert. ●●

**Der Thüringer Wald und die Dichterstädte**
(**1135**-0) Von R. Mader, 96 S., 95 Farbfotos, 17 hist. Landschafts- und Städteabbildungen, kartoniert. ●●

**Der Harz**
(**1144**-X) Von R. Mader, 96 S., 100 Farbfotos, 17 hist. Städte- und Landschaftsabbildungen, kartoniert. ●●

**Dresden**
**Barockperle an der Elbe**
(**1134**-2) Von R. Mader, 96 S., 97 Farbfotos, 13 hist. Landschafts- und Städteabbildungen, 1 s/w-Foto, 1 aufklappbarer Stadtplan, kart. ●●

**Vom Spreewald zur Lausitz**
(**1136**-9) Von R. Mader, 96 S., 95 Farbfotos, 11 hist. Landschafts- und Städteabbildungen, 1 Panoramakarte, kartoniert. ●●

FALKEN Video
**Reiseziel Berlin**
(**6067**-X) VHS, ca. 60 Minuten, in Farbe, Kompaktreiseführer mit Panoramakarte im Taschenformat. ●●●●●*

FALKEN Video
**Reiseziel USA**
Der Südwesten mit LAS VEGAS und den schönsten Sehenswürdigkeiten in den ROCKY MOUNTAINS.
(**6055**-6) VHS, ca. 60 Minuten, in Farbe, Kompaktreiseführer mit Panoramakarte im Taschenformat. ●●●●●*

FALKEN Video
**Info-Tour USA**
Die Highlights aus dem FALKEN Reiseprogramm New York, Kalifornien, Florida und USA Süd-West.
(**6060**-2) VHS, ca. 30 Minuten, in Farbe. ●*

FALKEN Video
**Reiseziel New York**
(**6048**-3) VHS, ca. 60 Minuten, in Farbe, mit Begleitbroschüre. ●●●●●*

FALKEN Video
**Reiseziel Florida**
(**6054**-8) VHS, ca. 60 Minuten, in Farbe, Kompaktreiseführer mit Panoramakarte im Taschenformat. ●●●●●*

FALKEN Video
**Reiseziel Kalifornien**
San Francisco und die schönsten Ziele in Kalifornien.
(**6049**-1) VHS, ca. 60 Minuten, in Farbe, mit Begleitbroschüre. ●●●●●*

FALKEN Video
**Reiseziel Hawaii**
(**6063**-7) VHS, ca. 60 Minuten, in Farbe, Kompaktreiseführer mit Panoramakarte im Taschenformat. ●●●●●*

FALKEN Video
**Reiseziel Malediven**
(**6116**-1) VHS, ca. 60 Minuten, in Farbe, mit Kompaktreiseführer im Taschenformat. ●●●●●*

FALKEN Video
**Reiseziel Thailand**
Exotisches Bangkok, traumhafte Strände, berühmte Tempel und Paläste.
(**6065**-3) VHS, ca. 60 Minuten, in Farbe, Kompaktreiseführer mit Panoramakarte im Taschenformat. ●●●●●*

FALKEN Video
**Reiseziel Hongkong**
(**6087**-4) VHS, ca. 60 Minuten, in Farbe, mit Kompaktreiseführer im Taschenformat. ●●●●●*

FALKEN Video
**Reiseziel Info-Tour Fernost**
Die Highlights aus den FALKEN Reisevideos Thailand, Bali, Hongkong
(**6094**-7) VHS, ca. 30 Minuten, in Farbe, mit Kompaktreiseführer im Taschenformat. ●●*

FALKEN Video
**Reiseziel Kanarische Inseln**
Schöne Strände, interessante Exkursionen.
(**6065**-5) VHS, ca. 60 Minuten, in Farbe, Kompaktreiseführer mit Panoramakarte im Taschenformat. ●●●●●*

FALKEN Video
**Reiseziel Barcelona**
(**6115**-3) VHS, ca. 60 Minuten, in Farbe, mit Begleitbroschüre. ●●●●●*

FALKEN Video
**Reiseziel Florenz**
(**6127**-7) VHS, ca. 60 Minuten, in Farbe, mit Kompaktreiseführer im Taschenformat. ●●●●●*

FALKEN Video
**Reiseziel Toscana**
(**6074**-2) VHS, ca. 60 Minuten, in Farbe, mit Kompaktreiseführer im Taschenformat. ●●●●●*

FALKEN Video
**Reiseziel Rom**
(**6076**-9) VHS, ca. 60 Minuten, in Farbe, mit Kompaktreiseführer im Taschenformat. ●●●●●*

FALKEN Video
**Reiseziel Venedig**
(**6117**-X) VHS, ca. 60 Minuten, in Farbe, mit Kompaktreiseführer im Taschenformat. ●●●●●*

FALKEN Video
**Reiseziel Info-Tour Italien**
Die Highlights aus den FALKEN Reisevideos Rom, Venedig, Toskana
(**6130**-7) VHS, ca. 60 Minuten, in Farbe, mit Kompaktreiseführer im Taschenformat. ●●*

FALKEN Video
**Reiseziel Mallorca**
(**6118**-8) VHS, ca. 60 Minuten, in Farbe, mit Kompaktreiseführer im Taschenformat. ●●●●●*

FALKEN Video
**Reiseziel Irland**
Entdeckungsreise mit Boot und Planwagen, präzise Informationen, praktische Tips.
(**6059**-9) VHS, ca. 60 Minuten, in Farbe, mit Kompaktreiseführer im Taschenformat. ●●●●●*

FALKEN Video
**Reiseziel Norwegen**
Rundreise zu den schönsten Fjorden, präzise Informationen, praktische Tips.
(**6058**-0) VHS, ca. 60 Minuten, in Farbe, Kompaktreiseführer mit Panoramakarte im Taschenformat. ●●●●●*

# Rat und Wissen

**Der gute Ton**
in Gesellschaft und Beruf.
(**0063**-4) Von I. Wolter, 80 S., 42 s/w-Fotos, 7 Zeichnungen, kartoniert. ●

**Der gute Ton**
im Privatleben.
(**1111**-3) Von I. Wolter, bearbeitet von Wolf Stenzel, 104 S., 42 s/w-Abbildungen, kartoniert. ●

**Umgangsformen heute**
Die Empfehlungen des Fachausschusses für Umgangsformen.
(**4015**-6) 252 S., 108 s/w-Fotos, 17 Zeichnungen, Pappband. ●●●

**Benehmen bei Tisch**
(**0988**-7) Von I. Cording, 80 S., 90 Farbfotos, 5 s/w-Zeichnungen, kartoniert. ●●

**Krawatten**
Fliegen, Schals und Tücher gekonnt binden
(**1072**-9) Von Y. Thalheim, H. Nadolny, 48 S., 129 Farbfotos, 1 s/w-Foto, Pappband. ●

freundin Ratgeber
**Hochzeit feiern**
(**4702**-2) Von C. von Hoerner-Nitsch, I. Weber, K. Riebartsch, C. von Bernuth, 128 S., 188 Farbfotos, 28 s/w-Fotos, Pappband. ●●●●

**Gedichte, Reden und Sketche**
für grüne, silberne und goldene Hochzeitstage
(**1269**-1) Von F. Rieder, 160 S., durchgehend vierfarbig, Pappband. ●●

**Wir heiraten**
Ratgeber zur Vorbereitung und Festgestaltung der Verlobung und Hochzeit.
(**4188**-8) Von C. Poensgen, 216 S., 8 s/w-Fotos, 30 s/w-Zeichnungen, 8 Farbtafeln, Pappband. ●●●

**Von der Verlobung zur Goldenen Hochzeit**
(**0393**-5) Von E. Runge, 112 S., kartoniert. ●

**Hochzeits- und Bierzeitungen**
Muster, Tips und Anregungen.
(**0288**-2) Von H.-J. Winkler, mit vielen Text- und Gestaltungsanregungen, 116 S., 15 Abb., 1 Musterzeitung, kartoniert. ●

**Die Silberhochzeit**
Vorbereitung · Einladung · Geschenkvorschläge · Dekoration · Festablauf · Menüs · Reden · Glückwünsche. (**0542**-3) Von K. F. Merkle, 112 S., 41 Zeichnungen, kart. ●

**Wie soll es heißen?**
(**0211**-4) Von D. Köhr, 136 S., kartoniert. ●

**Unsere beliebtesten Vornamen**
(**1023**-0) Von A. F. W. Weigel, 160 S., 75 s/w-Fotos, Pappband. ●●

**Kindergedichte, Lieder und Sketche für Hochzeitsfeiern**
(**1112**-1) Von B. Lins, 72 S., 26 farbige Abbildungen, 15 Lieder, kartoniert. ●

**Kindergedichte zur grünen, silbernen und goldenen Hochzeit**
(**0318**-8) Von H.-J. Winkler, 104 S., 20 Abb., kartoniert. ●

**Kindergedichte für Familienfeste**
(**0860**-0) Von B. H. Bull, 96 S., 20 Zeichnungen, kartoniert. ●

**Kindergedichte rund ums Jahr**
(**1040**-0) Von A. Schweiggert, 80 S., 49 Zeichnungen, 6 Vignetten, kartoniert. ●

**Ins Gästebuch geschrieben**
(**0576**-8) Von K. H. Trabeck, 96 S., 24 Zeichnungen, kartoniert. ●

**Der Verseschmied**
Kleiner Leitfaden für Hobbydichter.
Mit Reimlexikon.
(**0597**-0) Von T. Parisius, 96 S., 28 Zeichnungen, kartoniert. ●

**Die schönsten Volkslieder**
(**0432**-X) Hrsg. D. Walther, 128 S., mit Noten und Zeichnungen, kartoniert. ●

Alte und neue
**Wanderlieder**
(**1268**-3) Von P. G. Walter, 96 S., zweifarbig, kart. ●●

**Neue Glückwunschfibel**
für groß und klein.
(**0156**-8) Von R. Christian-Hildebrandt, 96 S., 13 Vignetten, kartoniert. ●

**Großes Buch der Glückwünsche**
(**0255**-6) Hrsg. von O. Fuhrmann, 176 S., 77 Zeichnungen und viele Gestaltungsvorschläge, kartoniert. ●●

Wetter und Wind ändern sich geschwind
**Beliebte Bauernregeln**
(**1267**-5) Von G. Haddenbach, ca. 80 S., ca. 30 zweifarbige Illustrationen, kart. ●

**Verse fürs Poesiealbum**
(**0241**-6) Von I. Wolter, 96 S., 20 Abb., kart. ●

Heiter und besinnliche
**Verse fürs Poesiealbum**
(**1069**-9) Von B. H. Bull, 160 S., 70 zweifarbige Illustrationen, Pappband. ●●

**Reden und Ansprachen**
für jeden Anlaß. (**4009**-1) Hrsg. von F. Sicker, 454 S., gebunden. ●●●●

**Die Kunst der freien Rede**
Ein Intensivkurs mit vielen Übungen, Beispielen und Lösungen.
(**4189**-6) Von G. Hirsch, 232 S., 11 Zeichnungen, Pappband. ●●●

**Festreden und Vereinsreden**
Muster für alle Gelegenheiten
(**0069**-3) Von K. Lehnhoff, E. Ruge, 96 S., kartoniert. ●

**Trinksprüche, Gästebuchverse, Richtsprüche**
(**0224**-6) Von D. Kellermann, 96 S., kartoniert. ●

**Glückwünsche, Toasts und Festreden zur Hochzeit**
(**0264**-5) Von I. Wolter, 112 S., 18 Zeichnungen, kartoniert. ●

**Reden zu Familienfesten**
Musteransprachen für viele Gelegenheiten
(**0675**-6) Von G. Georg, 112 S., kartoniert. ●

**Reden im Verein**
Musteransprachen für viele Gelegenheiten
(**0703**-5) Von G. Georg, 112 S., kartoniert. ●

**Reden zum Jubiläum**
Musteransprachen für viele Gelegenheiten
(**0595**-4) Von G. Georg, 112 S., kartoniert. ●

**Reden und Sprüche zu Grundsteinlegung, Richtfest und Einzug**
(**0598**-0) Von A. Bruder, G. Georg, 96 S., kartoniert. ●

**Die überzeugende Rede**
Mehr Erfolg durch bessere Rhetorik
(**0076**-6) Von K. Wolter, G. Kunz, 96 S., kartoniert. ●

**Moderne Korrespondenz**
Handbuch für erfolgreiche Briefe
(**4014**-8) Von H. Kirst und W. Manekeller, 544 S., Pappband. ●●●●

**Musterbriefe**
für alle Gelegenheiten.
(**0231**-9) Hrsg. von O. Fuhrmann, 240 S., kartoniert. ●

FALKEN-Software
**Musterkorrespondenz in Deutsch, Englisch, Französisch, Italienisch, Spanisch**
(**7041**-1) Diskette 5 1/4" für IBM-PC + Kompatible, mit Begleitbroschüre. ●●●●●*
(**7051**-9) Diskette 3 1/2" für IBM-PC + Kompatible, mit Begleitbroschüre. ●●●●●*

**Privatbriefe**
Muster für alle Gelegenheiten.
(**0114**-2) Von I. Wolter-Rosendorf, 112 S., kart. ●

**Erfolgstips für den Schriftverkehr**
Briefgestaltung · Rechtschreibung · Zeichensetzung · Stil. (**0678**-0) Von U. Schoenwald, 112 S., kart. ●

**Behördenkorrespondenz**
Musterbriefe · Anträge · Einsprüche
(**0412**-5) Von E. Ruge, 112 S., kart. ●

**Worte und Briefe der Anteilnahme**
(**0464**-8) Von E. Ruge, 96 S., mit vielen Abb., kart. ●

**Briefe zu Geburt und Taufe**
Glückwünsche und Danksagungen. (**0802**-3) Von H. Beitz, 96 S., 12 Zeichnungen, kart. ●

**Erziehungsgeld, Mutterschutz, Erziehungsurlaub**
Das neue Recht für Eltern
(**0835**-X) Von J. Grönert, 144 S., kart. ●

**Liebe ja – Ehe nein**
Die nichteheliche Lebensgemeinschaft
(**1071**-0) Von T. Drewes, 104 S., 8 s/w-Zeichnungen, kartoniert. ●

**Scheidung und Unterhalt**
nach dem neuen Eherecht.
(**0403**-6) Von T. Drewes, 112 S., mit Kosten und Unterhaltstabellen, kart. ●

**Alles, was man über Scheidung und Unterhalt wissen muß**
(**1264**-0) Von T. Drewes, 128 S., kart. ●●

**Alles, was man über Renten wissen muß**
Mit Rentenreformgesetz 1992
(**1265**-9) Von K. Möcks, A. Schmitt, 112 S., kart. ●●

Wolfgang Büsers Erfolgstips
**Rentenreform '92**
(**1244**-6) Von W. Büser, 80 S., kart. ●

Wolfgang Büsers Erfolgstips
**Teilzeitarbeit**
(**1266**-7) Von W. Büser, 80 S., kart. ●

**Testament und Erbschaft**
Erbfolge, Rechte und Pflichten der Erben, Erbschafts- und Schenkungssteuer, Mustertestamente. (**4139**-X) Von T. Drewes, R. Hollender, 304 S., Pappband. ●●●

**Der letzte Wille**
Ratgeber für Erblasser, Erben und Hinterbliebene in Rechts-, Versorgungs- und Steuerfragen (**0939**-9) Von T. Drewes, 136 S., 9 s/w-Zeichnungen, kart. ●●

**Mietrecht**
Leitfaden für Mieter und Vermieter
(**0479**-6) Von J. Beuthner, 196 S., kart. ●●

**Haushaltstips**
praktisch und umweltfreundlich
(**1046**-X) Von K. Winkell, 96 S., 36 Zeichnungen, kartoniert. ●

**Haushaltstips von A – Z**
(**0759**-0) Von A. Eder, 80 S., 30 Zeichnungen, kartoniert. ●

**Der Umweltfahrplan**
Ein praktischer Ratgeber für Haushalt und Familie
(**1103**-2) Von K. Riedesser, hrsg. von der Aktionsgemeinschaft Umwelt, Gesundheit, Ernährung e.V., Hamburg, 144 S., 34 s/w-Zeichnungen, kart. ●

**Wege zum Börsenerfolg**
Aktien · Anleihen · Optionen
(**4275**-2) Von H. Krause, 252 S., 4 s/w-Fotos, 86 Zeichnungen, Pappband. ●●●●

FALKEN-Software
**Börsenfieber**
Spielend spekulieren mit Geld und Aktien
(**7016**-0) IBM-PC und Kompatible, Diskette 5 1/4", mit Begleitheft. ●●●●●*

(**7026**-8) für C 64/C 128 PC, mit Begleitheft
(**7027**-6) für Atari ST 520/1040, mit Begleitheft
(**7028**-4) für Amiga, mit Begleitheft
(**7044**-6) für IBM-PC + Kompatible, Diskette 3 1/2", mit Begleitheft.

FALKEN Software
**Börsenfieber**
über 100 neue Ereignisse
(**7066**-7) Diskette 5 1/4" für IBM–PC + Kompatible, mit Begleitbroschüre. ●●●*
(**7067**-5) Diskette 3 1/2" für IBM-PC + Kompatible, mit Begleitheft. ●●●*

FALKEN Software
**Broker King**
Cash und crash an der Terminbörse. Mit Warentermingeschäft und Optionshandel
(**7057**-8) Diskette 5 1/4" für IBM-PC + Kompatible, mit Begleitbroschüre. ●●●●●*

(**7058**-6) Diskette 3 1/2" für IBM-PC + Kompatible, mit Begleitbroschüre. ●●●●●*

**Richtige Groß- und Kleinschreibung**
durch neue, vereinfachte Regeln. Erläuterungen der Zweifelsfragen anhand vieler Beispiele.
(**0897**-X) Von Prof. Dr. Ch. Stetter, 96 S., kart. ●

**Gutes Deutsch** schreiben und sprechen
(**4432**-1) Von W. Manekeller, Dr. G. Reinert-Schneider, 416 S., durchgehend zweifarbig, Pappband. ●●●●

Mehr Erfolg in der Schule
**Deutsche Rechtschreibung und Grammatik**
Übungen und Beispiele für die Klassen 5–10.
(**4407**-0) Von K. Schreiner, 256 S., durchgehend zweifarbig, Pappband. ●●●●

**Richtiges Deutsch**
Rechtschreibung · Zeichensetzung · Grammatik · Stilkunde.
(**0551**-2) Von K. Schreiner, 128 S., 7 Zeichnungen, kart. ●

**Besseres Deutsch**
Mit Übungen und Beispielen für Rechtschreibung, Diktate, Zeichensetzung, Aufsätze, Grammatik, Literaturbetrachtung, Stil, Briefe, Fremdwörter, Reden.
(**4115**-2) Von K. Schreiner, 444 S., 7 s/w-Fotos, 27 Zeichnungen, Pappband. ●●●

**Diktate besser schreiben**
Übungen zur Rechtschreibung für die Klassen 4 bis 8
(**0469**-9) Von K. Schreiner, 152 S., 31 Zeichnungen, kartoniert. ●●

**Deutsche Grammatik**
Ein Lern- und Übungsbuch
(**0704**-3) Von K. Schreiner, 122 S., kart. ●

**Aufsätze besser schreiben**
Förderkurs für die Klassen 4 – 10
(**0429**-X) Von K. Schreiner, 144 S., 31 Abb., kartoniert. ●●

Mehr Erfolg in der Schule
**Der Deutschaufsatz**
Übungen und Beispiele für die Klassen 5 – 10.
(**4271**-X) Von K. Schreiner, 240 S., 4 s/w-Fotos, 51 Zeichnungen, Pappband. ●●●●

Mehr Erfolg in der Schule
**Deutsch**
Textinterpretation, Literaturgeschichte und Stilkunde
(**4483**-6) Von K. Schreiner, 272 S., 43 zweifarbige Zeichnungen, Pappband. ●●●●

Mehr Erfolg in der Schule
**Mathematik 1**
Arithmetik und Algebra. Übungen, Beispiele und Lösungen für die Klassen 5 bis 10.
(**4420**-8) Von R. Müller-Fonfara, 256 S., 193 Zeichn., 2 s/w-Fotos, Pappband. ●●●●

Mehr Erfolg in der Schule
**Mathematik 2**
Geometrie, Statistik, Wahrscheinlichkeitsrechnung und kaufmännisches Rechnen
(**4456**-9) Von R. Müller-Fonfara, W. Scholl, 256 S., 6 s/w-Fotos, 304 Zeichnungen, Pappband. ●●●●

**Mathematische Formeln für Schule und Beruf**
Mit Beispielen und Erklärungen.
(**0499**-0) Von R. Müller-Fonfara, 156 S., 210 Zeichnungen, kart. ●

**Schülerlexikon der Mathematik**
Formeln, Übungen und Begriffserklärungen für die Klassen 5 – 10
(**0430**-3) Von R. Müller-Fonfara, 176 S., 96 Zeichnungen, kart. ●

Mehr Erfolg in der Schule
**Mathematik 4**
Für die Klassen 11 bis 13
(**4701**-0) Von R. Müller-Fonfara, W. Scholl, ca. 240 S., durchgehend zweifarbig, ca. 110 Zeichnungen, Pappband. ●●●●

**Mathematik-Textaufgaben leicht gelöst**
Aufgaben · Lösungsstrategien · Anwendungsbeispiele
(**1022**-2) Von R. Müller-Fonfara, 128 S., 4 Zeichnungen, kartoniert. ●●

**Rechnen aufgefrischt** für Schule und Beruf.
(**0100**-2) Von H. Rausch, 144 S., kart. ●

FALKEN Software
**Wirtschaftsrechnen in Beruf und Alltag**
(**7037**-3) Diskette für IBM-PC und Kompatible, mit Begleitheft. ●●●●●*

Mehr Erfolg in der Schule
**Physik**
Mechanik · Wärmelehre · Optik · Elektrizität · Atomphysik
(**4448**-8) Von Dr. T. Neubert. 240 S., 219 Zeichnungen, Pappband. ●●●●

**Physik verständlich**
Förderkurs für die Klassen 7 bis 10
(**0926**-7) Von Dr. Th. Neubert, 136 S., 146 s/w-Zeichn., 166 Aufgaben, kart. ●●

**Besseres Englisch**
Grammatik und Übungen für die Klassen 5 bis 10.
(**0745**-0) Von E. Henrichs, 144 S., kart. ●●

Mehr Erfolg in der Schule
**Englische Grammatik**
Regeln und Übungen für die Klassen 5 bis 13
(**4431**-3) Von E. Henrichs-Kleinen, 256 S., durchgehend zweifarbig, Pappband. ●●●●

FALKEN Software
**Business English for Secretaries**
Lernen und üben in berufsbezogenen Situationen (**7035**-7) Diskette 5 1/4" für IBM-PC + Kompatible, mit Begleitbroschüre. ●●●●●*

(**7059**-4) Diskette 3 1/2" für IBM-PC + Kompatible, mit Begleitbroschüre. ●●●●●*

FALKEN Software
**The Grammar-Master**
Englische Grammatik üben und beherrschen
(**7002**-0) Diskette für den C 64/C 128 PC ●●●●*

(**7030**-6) Diskette für IBM-PC + Kompatible, mit Begleitheft. ●●●●●*

(**7031**-4) Diskette für Atari ST 520/1040, mit Begleitheft. ●●●●●*

(**7032**-2) Diskette für Amiga, mit Begleitheft. ●●●●●*

FALKEN-Software
**Vokabeltrainer Englisch**
Von B. Hoppius. (**7001**-2) 2 Disketten für C 64/C 128 PC mit Begleitheft. ●●●●●*

(**7007**-1) Wendediskette für Atari ST 520/1040, mit Begleitheft. ●●●●●*

(**7034**-9) Diskette 5 1/4" für IBM-PC + Kompatible, mit Begleitheft. ●●●●●*

(**7084**-5) Diskette 3 1/2" für IBM-PC + Kompatible, mit Begleitheft. ●●●●●*

FALKEN-Software
**Vokabeltrainer Französisch**
Über 2000 Vokabeln und Redewendungen frei erweiterbar
(**7018**-7) Systemdiskette u. Wendediskette für C 64/C 128 PC, mit Begleitheft (**7019**-5) Diskette 5 1/4" für IBM-PC und Komp., mit Begleitheft. ●●●●●*

FALKEN-Software
**Je finis, tu finis...**
**maitrisez la grammaire française**
Französische Grammatik lernen und beherrschen
(**7053**-5) Diskette 5 1/4" für IBM-PC + Kompatible, mit Begleitbroschüre. ●●●●●*
(**7069**-1) Diskette 3 1/2" für IBM-PC + Kompatible, mit Begleitbroschüre. ●●●●●*

FALKEN-Software
**Le monde des affaires en français**
Wirtschaftsfranzösisch leicht gelernt
(**7064**-3) Diskette 5 1/4" für IBM-PC + Kompatible, mit Begleitbroschüre. ●●●●●*
(**7068**-3) Diskette 3 1/2" für IBM-PC + Kompatible, mit Begleitbroschüre. ●●●●●*

**Besseres Französisch**
Grammatik und Übungen für die Klassen 9 bis 11
(**1039**-7) Von R. Lübke, 114 S., durchgehend zweifarbig, kartoniert. ●●

Mehr Erfolg in der Schule
**Französische Grammatik**
Für die Klassen 7 bis 13
(**4703**-7) Von R. Lübke, ca. 256 S., durchgehend zweifarbig, Pappband. ●●●●

FALKEN-Software
**Vokabeltrainer Italienisch**
Über 2000 Vokabeln und Redewendungen frei erweiterbar.
(**7065**-9) Diskette 5 1/4" für IBM-PC + Kompatible, mit Begleitbroschüre. ●●●●●*
(**7064**-0) Diskette 3 1/2" für IBM-PC + Kompatible, mit Begleitbroschüre. ●●●●●*

FALKEN-Software
**Vokabeltrainer Latein**
Über 2000 Vokabeln und Redewendungen frei erweiterbar
(**7022**-5) Von B. Hoppius, Wendediskette für C 64/C 128 PC, mit Begleitheft. ●●●●●*
(**7033**-0) Diskette 5 1/4" für IBM-PC + Kompatible, mit Begleitheft. ●●●●●*
(**7085**-3) Diskette 3 1/2" für IBM-PC + Kompatible, mit Begleitheft. ●●●●●*

**Schnell und sicher zum Führerschein**
Tips und Tricks aus 30jähriger-Fahrschul-Praxis.
(**0921**-6) Von O. Einert, 152 S., 156 Farbfotos, 161 z.T. farb. Zeichnungen, kart. ●●

FALKEN-Software
**Schnell und sicher zum Führerschein**
Intensivtraining mit dem amtlichen Fragenkatalog
(**7024**-1) Diskette für ATARI ST 250/1040, mit Begleitheft ●●●●●*
(**7029**-2) Diskette für Amiga, mit Begleitheft. ●●●●●*

**Der Test-Knacker bei Führerscheinverlust**
(**1262**-4) Von T. Rieh, 128 S., kart. ●●

**Erfolgreiche Bewerbung um einen Ausbildungsplatz**
(**0715**-9) Von H. Friedrich, 128 S., kart. ●

**Bewerbungsstrategien**
Erfolgreiche Konzepte für Karrierebewußte
(**1027**-3) Von Dr. W. Reichel, 128 S., kartoniert. ●●

Karriereplanung mit System
**Bewerbungsstrategien für erfolgsorientierte Frauen**
(**4455**-0) Von R. Ibelgaufts, 144 S., 20 Cartoons, Pappband. ●●

**Die Bewerbung**
Der moderne Ratgeber für Bewerbungsbriefe, Lebenslauf und Vorstellungsgespräche.
(**4138**-1) Von W. Manekeller, 264 S., Pappband. ●●●

**Die erfolgreiche Bewerbung**
Bewerbung und Vorstellung
(**0173**-8) Von W. Manekeller, U. Schoenwald, 144 S., kartoniert. ●●

**Lebenslauf und Bewerbung**
Beispiele für Inhalt, Form und Aufbau
(**0428**-1) Von H. Friedrich, 112 S., kart. ●

**Erfolgreiche Bewerbungsbriefe und Bewerbungsformen**
(**0138**-X) Von W. Manekeller, U. Schoenwald, 88 S., kart. ●

Das überzeugende
**Vorstellungsgespräch**
Erfolgreiche Strategien für den ersten Eindruck
(**1261**-6) Von R. Ibelgaufts, ca. 144 S., kart. ●●

**Vorstellungsgespräche**
sicher und erfolgreich führen.
(**0636**-5) Von H. Friedrich, 144 S., kart. ●

**Einstellungstests** und andere Methoden der Bewerberauswahl
(**1263**-2) Von Dr. R. Hilke, H. Hustedt, ca. 128 S., kart. ●●

**Keine Angst vor Einstellungstests**
Ein Ratgeber für Bewerber.
(**0793**-6) Von Ch. Titze, 120 S., 67 Zeichnungen, kart. ●

FALKEN-Software
**Einstellungstests**
(**7013**-6) Von B. Hoppius, Wendediskette für C 64/C 128 PC, mit Begleitheft. ●●●●*

freundin Ratgeber
**Neu um Job:**
**So überzeugen Sie**
(**1259**-4) Von G. Teusen, 160 S., kart. ●●

**Die ersten Tage am neuen Arbeitsplatz**
Ratschläge für den richtigen Umgang mit Kollegen und Vorgesetzten
(**0855**-4) Von H. Friedrich, 104 S., kart. ●

**Zeugnisse im Beruf**
richtig schreiben, richtig verstehen
(**0544**-X) Von H. Friedrich, 112 S., kart. ●

So lernt man leicht und schnell
**Maschinenschreiben**
Lehrbuch für Schulen, Lehrgänge und Selbstunterricht. (**0568**-7) Von M. Kempkes, 112 S., 48 Zeichnungen, kart. ●●

FALKEN-Software
**Maschinenschreiben und Tastaturtraining für Computer**
(**7009**-8) Von B. Hoppius, Diskette 5 1/4" u. 3 1/2" für IBM-PC + Kompatible, mit Begleitheit. ●●●●●*

**Maschinenschreiben im Selbstunterricht**
(**0170**-3) Von A. Fonfara, 88 S., kart. ●

**Buchführung leicht gemacht**
Ein methodischer Grundkurs für den Selbstunterricht (**4238**-8) Von D. Machenheimer, R. Kersten, 252 S., Pappband. ●●●●

**Buchführung leicht gefaßt**
Für Handwerker, Gewerbetreibende und freiberuflich Tätige. (**0127**-4) Von R. Pohl, 104 S., kart. ●

**Stenografie leicht gelernt**
im Kurus oder Selbstunterricht
(**0266**-1) Von H. Kaus, 64 S., kart. ●

**Gitarre spielen**
Ein Grundkurs für den Selbstunterricht
(**0534**-2) Von A. Roßmann, 96 S., 1 Schallfolie, 150 Zeichnungen, kart. ●●●

Das große Buch der
**Antworten auf Kinderfragen**
(**4477**-1) Von H. Hofmann, U. Kopp, G. Jankovics u.a., 192 S., 308 Farbzeichnungen, Pappband. ●●●

Das neue, farbige
**Jugendlexikon**
(**4472**-0) Von J. Frey, D. Rex, 304 Seiten, 269 Farb- u. 52 s/w-Fotos, 6 Farbzeichn., Pappband. ●●●●

**Das große farbige Kinderlexikon**
(**4195**-0) Von U. Kopp, 320 S., 493 Farbabb., 17 s/w-Fotos, Pappband. ●●●

Die Faszination der Philatelie
**Briefmarken sammeln**
(**4273**-6) Von D. Stein, 212 S., 124 s/w-Fotos, 24 Farbtafeln, Pappband. ●●●

**Briefmarken sammeln**
(**0481**-8) Von D. Stein, 120 S., 4 Farbtafeln, 98 s/w-Abbildungen, kartoniert. ●●

**Umweltschutz**
Das Öko-Testbuch zur Eigeninitiative
(**4160**-8) Von M. Häfner, 352 S., 411 Farbfotos, 152 Farbzeichnungen, Pappband. ●●●●

**Umweltexperimente für Kinder und Jugendliche**
(**4708**-8) Von F. Jantzen, ca. 80 S., ca. 100 farbige Fotos und Zeichnungen, Pappband. ●●

**Münzen**
Ein Brevier für Sammler.
(**0353**-6) Von E. Dehnke, 128 S., 4 Farbtafeln, 17 s/w-Abb., kart. ●●

Astronomie im Bild
**Unser Sternenhimmel rund ums Jahr**
(**0849**-X) Von Dr. E. Übelacker, 88 S., 48 Farbfotos, 1 s/w-Foto, 68 Farbzeichn., kart. ●●

Die Handschrift als Spiegel des Charakters
**Graphologie**
(**1025**-7) Von Dr. W. Busch, 104 S., 87 Schriftproben, kartoniert. ●

**Familienforschung · Ahnentafel · Wappenkunde**
Wege zur eigenen Familienchronik
(**0744**-2) Von P. Bahn, 128 S., 8 Farbtafeln, 30 Abbildungen, kart. ●●

**Familienforschung und Wappenkunde**
(**4485**-2) Von P. Bahn, 224 S., 114 zweifarbige Abbildungen, Pappband. ●●●●

freundin Ratgeber
**Allein auf Achse**
(**1260**-8) Von H. Guilino, 176 S., kart. ●●

**Brain Building**
Das Supertraining für Gedächtnis, Logik, Kreativität
(**4704**-5) Von M. vos Savant, 256 S., Pappband. ●●●

**Traumdeutung**
Die Bildersprache unserer Traumwelt entschlüsseln
(**4486**-0) Von G. Fink, 384 S., 74 zweifarbige Fotos, Pappband. ●●●●

**Wahrsagen mit Tarot-Karten**
(**0482**-6) Von E. J. Nigg, 112 S., 52 s/w-Abb., Pappband. ●

Die 12 Tierzeichen
**Chinesisches Horoskop**
(**0423**-0) Von G. Haddenbach, 88 S., kartoniert. ●

**Die 12 Sternzeichen**
Charakter, Liebe und Schicksal.
(**0385**-4) Von G. Haddenbach, 136 S., kart. ●

**Partnerschaftshoroskop**
Glück und Harmonie mit Ihrem Traumpartner.
(**0587**-3) Von G. Haddenbach, 112 S., 11 Zeichnungen, kart. ●

**Im Zeichen der Sterne**
(**0951**-8) Der feurige Widder
(**0952**-6) Der willensstarke Stier
(**0953**-4) Die vielseitigen Zwillinge
(**0954**-2) Der feinfühlige Krebs
(**0955**-0) Der königliche Löwe
(**0956**-9) Die zuverlässige Jungfrau
(**0957**-7) Die charmante Waage
(**0958**-5) Der leidenschaftliche Skorpion
(**0959**-3) Der temperamentvolle Schütze
(**0960**-7) Der treue Steinbock
(**0961**-5) Der selbstbewußte Wassermann
(**0962**-3) Die romantischen Fische
Von G. Haddenbach, 64 S., 35 Farbfotos, Pappband. ●

# Humor und Unterhaltung

**So feiert man Feste fröhlicher**
Heitere Vorträge und Gedichte
(**0098**-7) Von Dr. Allos, 96 S., 15 Abb., kart. ●

**Die große Lachparade**
Neue Texte für heitere Vorträge und Ansagen
(**0188**-6) Von E. Müller, 80 S., kart. ●

**Da lacht das Publikum**
Neue lustige Vorträge für viele Gelegenheiten.
(**0716**-7) Von H. Schmalenbach, 96 S., kart. ●

**Spielbare Witze für Kinder**
(**0824**-4) Von H. Schmalenbach, 112 S., 30 Zeichnungen, kart. ●

**Neue spielbare Witze für Kinder**
(**1173**-3) Von H. Schmalenbach, 96 S., 31 Zeichnungen, kart. ●

**Die besten Witze und Cartoons 8**
(**1087**-7) Von F. Nikol, E. Zeller, 288 S., zahlreiche Cartoons, Pappband. ●●

**Die besten Witze und Cartoons des Jahres 10**
(**1206**-3) Zusammengestellt von S. Kieslich, 288 S., zahlreiche Abb., Pappband. ●●

**Die besten Ostfriesenwitze**
(**0495**-8) Von O. Freese, 80 S., 15 Zeichnungen, kart. ●

# Spiele und Denksport

**Neues Buch der siebzehn und vier Kartenspiele**
(**0095**-2) Von K. Lichtwitz, 96 S., kart. ●

**Alles über Pokern**
Regeln und Tricks.
(**2024**-4) Von C. D. Grupp, 112 S., 29 Kartenbilder, kart. ●

**Rommé und Canasta**
in allen Variationen.
(**2025**-2) Von C. D. Grupp, 88 S., 24 Zeichnungen, kart. ●

**Doppelkopf, Schafkopf,** Binokel, Cego, Tarock und andere Stammtischspiele.
(**2015**-5) Von C. D. Grupp, 112 S., kart. ●

**Black Jack**
Regeln und Strategien des Kasinospiels.
(**2032**-3) Von K. Kelbratowski, 88 S., kart. ●

**Spielend Skat lernen**
unter freundlicher Mitarbeit des Deutschen Skatverbandes
(**2005**-8) Von Th. Krüger, 120 S., 181 s/w-Fotos, 22 Zeichn., kart. ●●

**Patiencen**
in Wort und Bild. (**2003**-1) Von I. Wolter-Rosendorf, 120 S., kart. ●

**Neue Patiencen**
(**2036**-8) Von H. Sosna, 160 S., 43 Farbtafeln, kart. ●●

**Spielend Bridge lernen**
(**2012**-0) Von J. Weiss, 96 S., 58 Zeichnungen, kart. ●

**Spieltechnik im Bridge**
(**2004**-X) Von V. Mollo und N. Gardener, deutsche Adaption von D. Schröder, 152 S., kart. ●●●

**Neue Kartentricks**
(**2027**-9) Von K. Pankow, 104 S., 20 Abb., kart. ●

**Das japanische Brettspiel Go**
(**2020**-1) Von W. Dörholt, 104 S., 182 Diagramme, kart. ●

**Mah-Jongg**
Das chinesische Glücks-, Kombinations- und Gesellschaftsspiel. (**2030**-9) Von U. Eschenbach, 80 S., 30 s/w-Fotos, 5 Zeichn., kart. ●

**Backgammon**
für Anfänger und Könner. (**2008**-2) Von G. W. Fink und G. Fuchs, 104 S., 41 Abb., kart. ●

**Das Backgammon-Handbuch**
(**4422**-4) Von E. Heyken, M. B. Fischer, 232 S., 400 Abbildungen, Pappband. ●●●●

**Würfelspiele**
für jung und alt. (**2007**-4) Von F. Pruss, 112 S., 21 s/w-Zeichnungen, kart. ●

**Roulette richtig gespielt**
Systemspiele, die Vermögen brachten.
(**0121**-5) Von M. Jung, 96 S., zahlreiche Tabellen, kart. ●

**Spiele für Party und Familie**
(**2014**-7) Von Rudi Carrell, 80 S., 22 Zeichnungen, kart. ●

**Neue Spiele für Ihre Party**
(**2022**-8) Von G. Blechner, 120 S., 54 Zeichnungen, kartoniert. ●

**Lustige Tanzspiele und Scherztänze**
für Partys und Feste.
(**0165**-7) Von E. Bäulke, 80 S., 53 Abb., kart. ●

Das Spiel mit der Schwerkraft
**Jonglieren**
Mit Bällen, Keulen, Ringen und Diabolo.
(**1009**-5) Von S. Peter, 80 S., 149 Farbfotos, kartoniert. ●

**Magische Zaubereien**
(**0672**-1) Von W. Widenmann, 64 S., 31 Zeichnungen, kart. ●

**Zaubern**
einfach – aber verblüffend.
(**2018**-X) Von D. Bouch, 84 S., 41 Zeichnungen, kart. ●

**Scherzfragen, Drudel und Blödeleien**
gesammelt von Kindern.
(**0506**-7) Hrsg. von W. Pröve, 80 S., 57 Zeichnungen, kart. ●

**Tips, Tricks und Gewinnstrategien für Game-Boy-Spiele**
(**1235**-7) Von René Zey, 176 S., 100 Zeichnungen, kart. ●●

**Kinderspiele**
die Spaß machen.
(**2009**-0) Von H. Müller-Stein, 104 S., 28 Abb., kart. ●

**Kinderspiele mit Buchstaben und Wörtern**
(**1041**-9) Von Dr. U. Vohland, 96 S., 53 Zeichnungen, kartoniert. ●

**Spiel und Spaß am Krankenbett**
für Kinder und die ganze Familie.
(**2035**-X) Von H. Bücken, 96 S., 97 Zeichnungen, kart. ●

**Spiele im Freien**
(**2038**-4) Von G. Wagner, 88 S., 20 zweif. Zeichnungen, kartoniert. ●

**Spiel und Spaß zu Hause**
(**2039**-2) Von U. Geißler, 80 S., 90 zweifarbige Abbildungen, kart. ●

**Spiel und Spaß auf Reisen**
Für Kinder und die ganze Familie
(**1085**-0) Von U. Geißler, 80 S., 107 zweifarbige Zeichnungen, kart. ●

**Guten Tag, Kinder!**
Neue Texte mit Spielanleitungen fürs Kasperletheater. (**0861**-9) Von U. Lietz, 96 S., 18 s/w-Zeichnungen, kart. ●

**Kasperletheater**
Spieltexte und Spielanleitungen · Basteltips für Theater und Puppen.
(**0641**-1) Von U. Lietz, 114 S., 4 Farbtafeln, 12 s/w-Fotos, 39 Zeichnungen, kart. ●

**Kindergeburtstage, die keiner vergißt**
Planung, Gestaltung, Spielvorschläge.
(**0698**-5) Von G. und G. Zimmermann, 104 S., 80 Vignetten, kart. ●

**Kindergeburtstag**
Vorbereitung, Spiel und Spaß.
(**0287**-4) Von Dr. I. Obrig, 136 S., 40 Abb., 11 Zeichnungen, 9 Lieder mit Noten, kart. ●●

**Unvergeßliche Kinderfeste**
Tolle Dekorationen, Spiele, Sketche für drinnen und draußen
(**4457**-7) Von Dr. G. Hennekemper, 192 S., 111 Farbfotos, 214 Farb- und 14 s/w-Zeichnungen, 4 Seiten Schnittmuster, Pappband. ●●●

**Rätselspiele**
Quiz- und Scherzfragen für gesellige Stunden
(**1270**-5) Von K. H. Schneider, ca. 80 S., ca. 80 s/w-Abb., kart. ●

**Knobeleien und Denksport**
(**2019**-8) Von K. Rechberger, 142 S., 105 Zeichnungen, kart. ●

# Computerbücher und Software

**FALKEN Computer Lexikon**
(**4185**-3) 312 S., 173 s/w-Fotos, Pappband. ●●●

**Desktop Publishing: Typografie und Layout** Seiten gestalten am PC · für Einsteiger und Profis (**4330**-9) Von Dr. H. D. Baumann, M. Klein, 320 S., zahlreiche zweifarbige Abb., Pappband. ●●●●●

**Einführung in Pascal**
Garantiert Pascal lernen durch schrittweise Erarbeitung (**4329**-5) Von R. Röder, 270 S., durchgehend zweif., Pappband. ●●●●●

**Einführung in C**
(**4336**-8) Von A. Janka, P. Welzig, 270 S., zahlreiche Abbildungen, mit Begleitdiskette 5 1/4", Pappband. ●●●●●

PC HELP!
**Systemkonfiguration für Windows-PCs**
(**4371**-6) Von A. Görgens, ca. 96 S., durchgehend zweifarbig, kart. ●●

PC HELP!
**Wissenschaftliche Texte mit Word 5.5**
(**4360**-0) Von P. Vogel, ca. 96 S., durchgehend zweifarbig, kart. ●●

PC HELP!
**Praktische Computerbenutzung mit Works 2.0**
(**4369**-4) Von A. Görgens, ca. 96 S., durchgehend zweifarbig, kart. ●●

PC HELP!
**DFÜ mit dem PC**
(**4370**-8) Von M. Hofmann, ca. 96 S., durchgehend zweifarbig, kart. ●●

PC HELP!
**Zeichnen mit dem PC**
(**4361**-9) Von M. Hofmann, ca. 96 S., durchgehend zweifarbig, kart. ●●

PC HELP!
**Präsentation mit dem PC**
(**4368**-6) Von M. Hofmann, ca. 96 S., durchgehend zweifarbig, kart. ●●

PC HELP!
CONFIG. SYS. und AUTOEXEC. BAT
**Optimale Systemkonfiguration**
(**4338**-4) Von A. Görgens, 64 S., ca. 50 s/w-Abbildungen und Grafiken, kart. ●●

PC HELP!
**DOS-Kommandos richtig nutzen**
(**4339**-2) Von A. Görgens, 64 S., ca. 50 s/w-Abbildungen und Grafiken, kart. ●●

PC HELP!
**Dateien retten mit Norton Utilities und PC-Tools**
(**4340**-6) Von A. Görgens, 64 S., ca. 50 s/w-Abbildungen und Grafiken, kart. ●●

PC HELP!
**Batch-Dateien – DOS-Abläufe selber festlegen**
(**4341**-4) Von A. Görgens, 64 S., ca. 50 s/w-Abbildungen und Grafiken, kart. ●●

PC HELP!
**Word – Serienbiefe**
(**4342**-2) Von P. Vogel, 64 S., ca. 50 s/w-Abbildungen und Grafiken, kart. ●●

PC HELP!
**Geschäftsgrafiken mit Lotus 1-2-3**
(**4343**-0) Von P. Vogel, 64 S., ca. 50 s/w-Abbildungen und Grafiken, kart. ●●

PC HELP!
**Die ersten Schritte mit dem PC**
(**4344**-9) Von P. Vogel, H. Ebsen, 64 S., ca. 50 s/w-Abbildungen und Grafiken, kart. ●●

PC HELP!
**Mehr Speicher unter DOS nutzen**
(**4345**-7) Von K. O. Kuhl, 64 S., ca. 50 s/w-Abbildungen und Grafiken, kart. ●●

PC HELP!
**Viren erkennen und beseitigen**
(**4346**-5) Von M. Hofmann, 64 S., ca. 50 s/w-Abbildungen und Grafiken, kart. ●●

PC HELP!
**dBASE-Relationen richtig nutzen**
(**4347**-3) Von M. Hofmann, 64 S., ca. 50 s/w-Abbildungen und Grafiken, kart. ●●

PC HELP!
**Termine steuern mit FRAMEWORK III**
(**4348**-1) Von M. Hofmann, 64 S., ca. 50 s/w-Abbildungen und Grafiken, kart. ●●

PC HELP!
**Listendruck mit dBASE und kompatiblen Programmen**
(**4349**-X) Von M. Hofmann, 64 S., ca. 50 s/w-Abbildungen und Grafiken, kart. ●●

FALKEN Software
**Einstellungstest**
Die optimale Vorbereitung für Bewerber
(**7013**-6) Wendediskette für C 64/C 128 PC, mit Begleitheft. ●●●●*

FALKEN Software
Schnell und sicher zum
**Führerschein**
Intensivtraining mit dem amtlichen Fragenkatalog (**7024**-1) für Atari ST 520/1040, mit Begleitheft. ●●●●*
(**7029**-2) f. Amiga, mit Begleitheft. ●●●●●*

FALKEN Software
**Maschinenschreiben und Tastaturtraining für Comuter**
(**7009**-8) Von B. Hoppius, Diskette 5 1/4" u. 3 1/2" für IBM-PC + Kompatible, mit Begleitheft. ●●●●●*

FALKEN Software
**Musterkorrespondenz in Deutsch, Englisch, Französisch, Italienisch, Spanisch**
(**7041**-1) Diskette 5 1/4" für IBM-PC + Kompatible, mit Begleitbroschüre. ●●●●●*
(**7051**-9) Diskette 3 1/2" für IBM-PC + Kompatible, mit Begleitbroschüre. ●●●●●*

FALKEN Software
**TEXAD**
Text- und Adressenverwaltung
Mit Musterbriefen und Formularen für den privaten und geschäftlichen Bereich
(**7017**-9) für IBM-PC und Kompatible, Disk, 5 1/4", mit Begleitheft. ●●●●●*
(**7048**-9) Diskette 3 1/2", mit Handbuch. ●●●●●*
(**7049**-7) Demo-Version 5 1/4", ohne Handbuch. ●●*
(**7050**-0) Demo-Version 3 1/2", ohne Handbuch. ●●*

FALKEN Software
**Wirtschaftsrechnen in Beruf und Alltag,.**
(**7037**-3) Diskette für IBM-PC + Kompatible, mit Begleitheft. ●●●●●*

FALKEN Software
**Vokabeltrainer Englisch**
Über 2000 Vokabeln und Redewendungen
(**7001**-2) Disk. für C 64/C 128 PC, mit Begleitheft. ●●●●●*
(**7007**-1) Disk. für Atari ST 520/1040, mit Begleitheft. ●●●●●*

FALKEN Software
**Take a Trip to Britain**
Spielend Englisch lernen mit dem Computer
(**7004**-7) Diskette für C 64/C 128 PC, mit Begleitheft. ●●●●*
(**7039**-X) Diskette 5 1/4" für IBM-PC + Kompatible, mit Begleitheft. ●●●●●*

FALKEN Software
**The Grammar Master**
(**7002**-0) Diskette für C 64/C 128 PC, mit Begleitheft. ●●●●*
(**7030**-6) für IBM-PC + Kompatible, mit Begleitheft. ●●●●●*
(**7031**-4) für Atari ST 520/1040, mit Begleitheft. ●●●●●*
(**7032**-2) für Amiga, mit Begleitheft. ●●●●●*

FALKEN Software
**From Coast to Coast**
Travelling through the USA
(**7040**-3) Diskette 5 1/4" für IBM-PC + Kompatible, mit Begleitbroschüre ●●●●●*
(**7061**-6) Diskette 3 1/2" für IBM-PC + Kompatible, mit Begleitbroschüre. ●●●●●*

FALKEN Software
**Vokabeltrainer Französisch**
Über 2000 Vokabeln und Redewendungen frei erweiterbar.
(**7018**-7) Systemdisk. + Wendedisk. für C 64/C 128 PC, mit Begleitheft. (**7019**-5) Disk. für IBM-PC + Kompatible, mit Begleitheft. ●●●●●*

FALKEN Software
**Je finis, tu finis ... maîtrisez la grammaire française**
Französische Grammatik lernen und beherrschen
(**7053**-5) Diskette 5 1/4" für IBM-PC + Kompatible, mit Begleitbroschüre. ●●●●●*
(**7069**-1) Diskette 3 1/2" für IBM-PC + Kompatible, mit Begleitbroschüre. ●●●●●*

FALKEN Software
**Le monde des affaires en français**
Wirtschaftsfranzösisch leicht gelernt
(**7054**-3) Diskette 5 1/4" für IBM-PC + Kompatible, mit Begleitbroschüre. ●●●●●*
(**7068**-3) Diskette 3 1/2" für IBM-PC + Kompatible, mit Begleitbroschüre. ●●●●●*

FALKEN Software
**Vokabeltrainer Italienisch**
Über 2000 Vokabeln und Redewendungen frei erweiterbar
(**7065**-9) Diskette 5 1/4" für IBM-PC + Kompatible, mit Begleitbroschüre. ●●●●●*
(**7064**-0) Diskette 3 1/2" für IBM-PC + Kompatible, mit Begleitbroschüre. ●●●●●*

FALKEN Software
**Vokabeltrainer Latein**
Über 2000 Vokabeln und Redewendungen frei erweiterbar
(**7022**-5) Von B. Hoppius, 2 Wendedisketten für C 64/C 128 PC, mit Begleitheft.
(**7033**-0) Diskette für IBM-PC + Kompatible, mit Begleitbroschüre. ●●●●●*

FALKEN Software
**Börsenfieber**
Spielend spekulieren mit Geld und Aktien
(**7016**-0) für IBM-PC + Kompatible, Diskette 5 1/4", mit Begleitheft. ●●●●●*
(**7026**-8) für C 64/C 128 PC mit Begleitheft
(**7027**-6) für Atari ST 520/1040, mit Begleitheft. ●●●●●*
(**7028**-4) für Amiga, mit Begleitheft. ●●●●●*
(**7044**-6) für IBM-PC + Kompatible, Diskette 3 1/2", mit Begleitheft. ●●●●●*
(**7038**-1) für C 64/128 C Kassette, mit Begleitheft. ●●●●*

FALKEN Software
**Broker King**
Cash und crash an der Terminbörse
(**7057**-8) Diskette 5 1/4" für IBM-PC + Kompatible, mit Begleitbroschüre. ●●●●●*
(**7058**-6) Diskette 3 1/2" für IBM-PC + Kompatible, mit Begleitbroschüre. ●●●●●*

## Video

**Hobby Aquarellmalen**
Landschaft und Stilleben
(**6022**-X) VHS, 40 Min., in Farbe, mit Begleitheft. ●●●●*

**Hobby Ölmalerei**
Landschaft und Stilleben
(**6025**-4) VHS, 40 Min., in Farbe, mit Begleitheft. ●●●●*

**Basteln mit Kindern**
(**6041**-6) VHS, 60 Min., in Farbe, mit Vorlagen in Originalgröße, mit Begleitheft. ●●●*

**Die Modelleisenbahn**
Anlagenbau in Modultechnik
(**6028**-9) VHS, 30 Min., in Farbe. ●●●●*

**Golf**
(**6053**-X) VHS, 60 Min., in Farbe, mit Begleitheft. ●●●●●*

**Pflanzenjournal**
Blumen- und Pflanzenpflege im Jahreslauf
(**6036**-X) VHS, 30 Min., mit Begleitheft. ●●●●*

**Schnitt und Pflege**
von Bäumen und Sträuchern
(**6050**-5) VHS, 45 Min., in Farbe, mit Begleitheft. ●●●●*

Erfolgreiche Streßbewältigung
**Autogenes Training**
Video 1: Einführung und Kurs
Video 2: Übungen
(**6132**-3) VHS, jeweils ca. 60 Minuten, in Farbe. ●●●●●*

**Aktfotografie**
Gestaltung/Technik/Spezialeffekte
Interpretationen zu einem unerschöpflichen Thema
(**6001**-7) VHS, 60 Min., in Farbe, mit Begleitheft. ●●●●●*

Zauber der Tierwelt
**Tiger und Löwen**
(**6122**-6) VHS, ca. 30 Minuten, in Farbe. ●●●*

Zauber der Tierwelt
**Elefanten**
(**6123**-4) VHS, ca. 30 Minuten, in Farbe. ●●●*

Zauber der Tierwelt
**Affen**
(**6121**-8) VHS, ca. 30 Minuten, in Farbe. ●●●*

Zauber der Tierwelt
**Seerobben und Seevögel** (**6124**-2) VHS, ca. 30 Minuten, in Farbe. ●●●*

**Videografieren**
Technik/Bildgestaltung/Schnitt/Vertonung, Filmen mit Video 8 (**6031**-6) VHS, 60 Min., in Farbe, mit Begleitheft. ●●●●●*

**Videografieren perfekt**
Profitricks für Aufnahmetechnik und Nachbearbeitung
(**6042**-4) VHS, (**6044**-4) Video 8, 60 Min., in Farbe, mit Begleitheft. ●●●●●*

Streicheleinheiten für Körper und Seele
**Partnermassage**
(**6051**-3) VHS, 45 Min., in Farbe, mit Begleitheft. ●●●●●*

**Tele Partner Massage**
Zärtliche Entspannung zu zweit
(**6131**-5) VHS, ca. 60 Minuten, in Farbe. ●●●●*

Reiseziel **New York**
Die schönsten Sehenswürdigkeiten, präzise Informationen, praktische Tips
(**6048**-3) VHS, 60 Min., in Farbe, mit Begleitheft. ●●●●●*

Reiseziel **Kalifornien**
San Franzisko und die schönsten Ziele in Kalifornien.
Präzise Informationen und praktische Tips
(**6049**-1) VHS, 60 Min., in Farbe, mit Begleitbroschüre. ●●●●●*

Reiseziel **Florida**
(**6054**-8) VHS, 60 Min., in Farbe, mit Begleitheft. ●●●●●*

Reiseziel **Hawaii**
Das Paradies im Stillen Ozean
(**6063**-7) VHS, ca. 60 Min., in Farbe, Timecode, Kompaktreiseführer mit Panoramakarte im Taschenformat. ●●●●●*

**Info-Tour USA**
Die Highlights aus dem FALKEN Reiseprogramm
(**6060**-2) VHS, 30 Min., in Farbe, mit Begleitheft. ●*

Reiseziel **USA**
(**6055**-6) VHS, 60 Min., in Farbe, mit Begleitheft. ●●●●●*

Reiseziel **Irland**
(**6059**-9) VHS, 60 Min., in Farbe, mit Begleitheft. ●●●●●*

Reiseziel **Norwegen**
Rundreise zu den schönsten Fjorden, präzise Informationen, praktische Tips.
(**6058**-0) VHS, ca. 60 Min., in Farbe, Timecode, Kompaktreiseführer mit Panoramakarte im Taschenformat. ●●●●●*

Reiseziel **Kanarische Inseln**
Schöne Strände, interessante Exkursionen
(**6064**-5) VHS, ca. 60 Min., in Farbe, Timecode, Kompaktreiseführer mit Panoramakarte im Taschenformat. ●●●●●*

Reiseziel **Thailand**
(**6065**-3) VHS, ca. 60 Min., in Farbe, Timecode, Kompaktreiseführer mit Panoramakarte im Taschenformat. ●●●●●*

Reiseziel **Berlin**
Kultur, Shopping, Erlebnis
(**6067**-X) VHS, ca. 60 Min., in Farbe, Timecode, Kompaktreiseführer mit Panoramakarte im Taschenformat. ●●●●●*

**Körpersprache**
verstehen und deuten
(**6046**-7) VHS, 60 Min., in Farbe, mit Begleitheft. ●●●●●*

**Das erfolgreiche Vorstellungsgespräch**
(**6047**-5) VHS, 60 Min., in Farbe, mit Begleitheft. ●●●●●*

# Bestellschein

Erfüllungsort und Gerichtsstand für Vollkaufleute ist der jeweilige Sitz der Lieferfirma. Für alle übrigen Kunden gilt dieser Gerichtsstand für das Mahnverfahren. Falls durch besondere Umstände Preisänderungen notwendig werden, erfolgt Auftragserledigung zu dem bei der Lieferung gültigen Preis.

Ich bestelle hiermit aus dem Falken-Verlag GmbH, Postfach 1120, D-6272 Niedernhausen/Ts., durch die Buchhandlung:

Ex.

Ex.

Ex.

Ex.

Name: Datum:

Straße:

Ort: Unterschrift:

Die hier vorgestellten Bücher, Videokassetten und Software sind in folgende Preisgruppen unterteilt:

● Preisgruppe bis DM 10,–/S 79,–
●● Preisgruppe über DM 10,– bis DM 20,– S 80,– bis S 160,–
●●● Preisgruppe über DM 20,– bis DM 30,– S 161,– bis S 240,–
●●●● Preisgruppe über DM 30,– bis DM 50,– S 241,– bis S 400,–
●●●●● Preisgruppe über DM 50,–/S 401,–
* (unverbindliche Preisempfehlung)

Die Preise entsprechen dem Status beim Druck dieses Verzeichnisses (s. Seite 1) – Änderungen, im besonderen der Preise, vorbehalten –

Falken-Verlag GmbH · Postfach 1120 FALKEN D-6272 Niedernhausen/Ts. · Tel.: 0 61 27 / 70 20